高职高专土建类工学结合"十二五"规划教材

建筑工程施工组织

主　编　陈明彩
副主编　张文峰　刘文华　陈　鹏　张晓阳
参　编　周　祥　肖云川　王　华　陈安林

华中科技大学出版社
中国·武汉

内 容 提 要

本书是根据高等职业教育人才培养目标及要求编写的。全书共分五个教学情境,内容包括建筑工程施工组织概述、砖混结构工程施工组织、框架结构工程施工组织、建筑工程施工管理实务、建筑工程施工组织实训。书中还编入了不同结构工程的施工组织设计实例。

本书可作为高等职业院校的建筑工程技术专业、建筑工程管理专业的教材,还可作为建筑施工企业、建设监理单位及建设单位从事施工管理的工程技术人员的参考书及培训教材。

图书在版编目(CIP)数据

建筑工程施工组织/陈明彩主编. —武汉:华中科技大学出版社,2014.3
ISBN 978-7-5609-9924-1

Ⅰ.①建… Ⅱ.①陈… Ⅲ.①建筑工程-施工组织 Ⅳ.①TU721

中国版本图书馆 CIP 数据核字(2014)第 042079 号

建筑工程施工组织　　　　　　　　　　　　　　　　　　陈明彩　主编

责任编辑:朱　霞　金　紫
封面设计:李　嫚
责任校对:李　琴
责任监印:张贵君
出版发行:华中科技大学出版社(中国·武汉)
　　　　　武昌喻家山　　邮编:430074　　电话:(027)81321915
录　　排:华中科技大学惠友文印中心
印　　刷:武汉鑫昶文化有限公司
开　　本:787mm×1092mm　1/16
印　　张:12
字　　数:300 千字
版　　次:2016 年 8 月第 1 版第 2 次印刷
定　　价:29.80 元

本书若有印装质量问题,请向出版社营销中心调换
全国免费服务热线:400-6679-118　竭诚为您服务
版权所有　侵权必究

前 言

"建筑工程施工组织与管理"是建筑工程技术专业和建筑工程管理专业的一门主干课程,该课程的教学目标是使学生掌握施工组织与管理的基本方法和手段,具备从事施工项目管理工作的能力。"建筑工程施工组织与管理"课程的主要任务是阐述建筑工程施工组织的一般规律及建筑工程的合理组织与管理,目的是使学生掌握施工流水作业的基本原理、组织方法及网络计划的基本知识,掌握合理选择施工方案的方法及编制工程施工进度计划、设计施工平面图的方法,具备编制建筑工程施工组织设计的能力。培养学生具有从建筑工程项目招标、投标开始到竣工保修全过程中各阶段管理的实施能力。

本书立足于学生整体素质和关键能力的培养,因此对课程内容的选择标准作了根本性改革,改变以知识传授为主要特征的传统学科课程模式,转变为以典型工作任务为中心,组织课程内容和课程教学,让学生在完成具体项目的过程中构建相关理论知识,并发展职业能力。本书以学生职业行动能力培养为核心,其知识的选取紧紧围绕工作任务完成的需要,按照实际施工顺序对知识排序。

本书改变纯粹讲述的教学方式,实施以工作任务引领知识的行动导向的教学方法,让学生在完成典型工作任务的过程和亲自实践中,获得知识,提升能力。实行教、学、做一体化,理论与实践的有机结合,具有较强的综合性和应用性。许多问题的解决要涉及有关学科知识的综合应用,对企业提高生产能力,加速工程进度,降低成本及改善经营管理具有重要的意义。

本书由山东科技职业学院陈明彩任主编,南宁学院张文峰、江西理工大学刘文华、重庆水利电力职业技术学院陈鹏和张晓阳担任副主编。重庆水利电力职业技术学院周祥、肖云川,山东科技职业学院王华、陈安林参与了编写。全书由陈明彩统稿审定。

本书在编写过程中得到了有关同仁的大力支持、热心指导和帮助,参阅了大量文献资料,编者在此一并表示衷心的感谢。鉴于编者水平和经验有限,书中疏漏、错误敬请读者批评指正。

编 者
2014 年 12 月

目　　录

学习情境一　建筑工程施工组织概述 ……………………………………………………(1)
　　子学习情境1　施工组织概述 ……………………………………………………(1)
　　子学习情境2　流水施工 …………………………………………………………(9)
学习情境二　砖混结构工程施工组织 ……………………………………………………(22)
　　子学习情境1　工程背景 …………………………………………………………(22)
　　子学习情境2　进度控制 …………………………………………………………(23)
　　子学习情境3　施工方案 …………………………………………………………(31)
学习情境三　框架结构工程施工组织 ……………………………………………………(50)
　　子学习情境1　工程背景 …………………………………………………………(50)
　　子学习情境2　进度控制 …………………………………………………………(51)
　　子学习情境3　框架结构工程施工方案 …………………………………………(65)
　　子学习情境4　施工平面图的绘制 ………………………………………………(107)
学习情境四　建筑工程施工管理实务 ……………………………………………………(116)
　　子学习情境1　建筑工程施工技术管理 …………………………………………(116)
　　子学习情境2　建筑工程施工质量管理 …………………………………………(118)
　　子学习情境3　建筑工程进度管理 ………………………………………………(127)
　　子学习情境4　建筑工程现场资源管理 …………………………………………(131)
学习情境五　建筑工程施工组织实训 ……………………………………………………(144)
附录　工作任务 ……………………………………………………………………………(162)
阶段测试题 …………………………………………………………………………………(178)
参考文献 ……………………………………………………………………………………(181)

学习情境一　　建筑工程施工组织概述

子学习情境 1　施工组织概述

▶ 工作任务

根据某高校新校区的建设,绘制单项、单位、分部、分项工程图表。

▶ 重点知识

一、建筑施工组织

建筑施工组织是针对建筑工程施工的复杂性,研究工程建设的统筹安排与系统管理的客观规律,制定建筑工程施工最合理的组织与管理方法的一门学科。它是推进企业技术进步、加强现代化施工管理的核心。

施工组织的任务就是从施工的全局出发,根据具体的条件,以最优的方式解决施工组织问题,对施工的各项活动作出全面的、科学的规划和部署,使人力、物力、财力、技术资源得以充分利用,优质、低耗、高速地完成施工任务。施工项目管理的任务,就是通过施工生产要素的优化配置和动态管理,实现施工项目的质量、成本、工期和安全的管理目标。如图 1.1 所示。

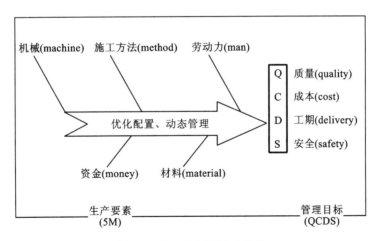

图 1.1　施工项目管理的任务

建筑工程施工组织与管理的基本内容包括:经营决策、工程招投标、合同管理、计划统计、施工组织、质量安全、设备材料、施工过程和成本控制等管理。作为施工技术人员和管理人员,应重点掌握施工组织、工期、成本、质量、安全和现场管理等内容。

二、建设项目的建设程序

1. 基本建设

基本建设是指国民经济各部门的固定资产再生产,即指将一定数量的建筑材料、机器设备等,通过购置、建造和安装调试等活动,使之成为固定资产,形成新的生产能力或使用效益的过程。

基本建设的内容包括建筑工程、安装工程、设备和材料购置、其他基本建设工作。

2. 基本建设项目的分类

基本建设项目可按不同的方式分类:按规模分为大、中、小型建设项目;按性质分为新建、扩建、改建、重建、迁建项目;按用途分为生产性和非生产性建设项目;按投资主体分为国家投资、地方政府投资、企业投资、合资和独资建设项目。

一个建设项目,按其复杂程度,一般由以下工程内容组成,如图1.2所示。

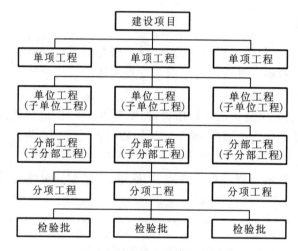

图1.2 建设项目工程内容

(1) 单项工程:单项工程是建设项目的组成部分,一个建设项目可由一个单项工程组成,也可由若干个单项工程组成。它是指具有独立的设计文件、独立的核算,建成后可独立发挥设计文件所规定的效益或生产能力的工程。

(2) 单位工程:单位工程是单项工程的组成部分。它是指有独立的施工图设计并能独立施工,但完工后不能独立发挥生产能力或效益的工程,如土建工程、设备工程等。

(3) 分部工程:分部工程是单位工程的组成部分。

建筑工程是按建筑物和构筑物的主要部位来划分的,如地基与基础工程、主体工程、地面工程、装饰工程等。

安装工程是按安装工程的种类划分的,如车间的设备主体、工艺管道、给排水、采暖、通风、空调、照明等。

(4) 分项工程:分项工程是分部工程的一部分。

建筑工程是按主要工种工程划分的,如土石方工程、砌筑工程、钢筋工程、混凝土工程、抹灰工程等。

安装工程是按用途、种类、输送不同介质与物料以及设备组别划分的，如采暖管道安装、散热器安装、管道保温、照明配管、配线、灯具安装等。

3. 基本建设程序

一个建设项目的建设程序，一般分为决策、设计、准备、实施及竣工五个阶段。建筑设备工程的施工程序一般包括以下内容：

(1) 承接施工任务、签订施工合同；

(2) 全面统筹安排，做好施工规划；

(3) 落实施工准备，提出开工报告；

(4) 精心组织施工；

(5) 竣工验收，交付使用。

三、施工企业管理的内容

施工企业管理的内容主要包括施工管理、计划管理、技术管理、安全管理、材料管理、机械管理、财务管理、成本管理等。

1. 施工管理

施工管理主要有签订合同、施工准备、正式施工、交工验收四个阶段的管理。施工准备工作包括以下内容：

(1) 调查研究与收集资料；

(2) 技术准备，如熟悉和会审图样、编制施工组织设计、编制预算；

(3) 施工现场准备，如现场平整、三通一平、搭设临时设施、冬雨期施工准备；

(4) 物资和劳动力准备。

2. 计划管理

建筑安装企业计划管理是一项全面性和综合性的管理工作。计划管理的特点包括计划的被动性、计划的多变性、计划的不均衡性。分类有长期计划、年度计划、季度计划、月度计划。

施工作业计划如表1.1和表1.2所示。

表1.1 月计划指标汇总表

年　　月

单位\指标	开工		施工		竣工		工作量/万元		生产率/(%)	优良率/(%)	工作天数	出勤率/(%)
	项目	面积	项目	面积	项目	面积	总计	自完				

表 1.2 施工项目计划表

年　月

建设单位及单位工程	结构形式	层数	开工日期	竣工日期	面积/m²		上月末进度	本月形象进度	工作量/万元	
					施工	竣工			总计	自完

3. 技术管理

施工项目技术管理是项目经理部在项目施工过程中,对各项技术活动过程和技术工作的各种要素进行科学管理的总称。所涉及的技术要素包括技术人才、技术装备、技术规程、技术信息、技术资料、技术档案等。

施工项目的主要技术管理制度有以下内容。

(1) 图样学习和会审制度。

制订、执行图样会审制度的目的是领会设计意图,明确技术要求,发现设计文件中的差错与问题,提出修改与洽商意见,避免技术事故或产生经济与质量问题。

(2) 施工组织设计管理制度。

按企业的施工组织设计管理制度制订施工项目的实施细则,着重于单位工程施工组织设计及分部分项工程施工方案的编制与实施。

(3) 技术交底制度。

施工项目技术系统一方面要接受企业技术负责人的技术交底,又要在项目内进行层层交底,故要编制制度,以保证技术责任制落实,技术管理体系正常运转,技术工作按标准和要求运行。

(4) 施工项目材料、设备检验制度。

材料、设备检验制度的宗旨是保证项目所用的材料、构件、零配件和设备的质量,进而保证工程质量。

(5) 工程质量检查及验收制度。

制订工程质量检查验收制度的目的是加强工程施工质量的控制,避免质量差错造成永久隐患,并为质量等级评定提供数据和情况,为工程积累技术资料和档案。工程质量检查验收制度包括工程预检制度、工程隐检制度、工程分阶段验收制度、单位工程竣工检查验收制度、分项工程交接检查验收制度等。

(6) 技术组织措施计划制度。

制订技术组织措施计划制度的目的是为了克服施工中的薄弱环节,挖掘生产潜力,加强其计划性、预测性,从而保证施工任务的完成,获得良好技术经济效果和提高技术水平。

(7) 工程施工技术资料管理制度。

工程施工技术资料是施工单位根据有关管理规定,在施工过程中形成的应当归档保存的各种图纸、表格、文字、音像材料等技术文件材料的总称,是工程施工及竣工交付使用的必备条件,也是对工程进行检查、维护、管理、使用、改建和扩建的依据。制订该制度的目的是为了加强对工程施工技术资料的统一管理,提高工程质量的管理水平。它必须贯彻国家和地区有关技术标准、技术规程和技术规定,以及企业的有关技术管理制度。

(8) 其他技术管理制度。

除以上几项主要的技术管理制度外,施工项目经理部还必须根据需要,制订其他技术管理制度,保证有关技术工作正常运行,例如,土建与水电专业施工协作技术规定、工程测量管理办法、技术革新和合理化建议管理办法、计量管理办法、环境保护工作办法、工程质量奖罚办法、技术发明奖励办法等。

4. 安全管理

建筑施工企业搞好安全施工要注意做好以下几项工作。

(1) 思想重视。

(2) 建立安全生产管理制度。它包括安全生产教育制度(新工人进入工地或调动工作岗位时的安全教育,架子、起重、电气等特殊工种的安全教育,以及经常性的安全生产教育)、安全生产责任制度(逐级建立,管理生产和管理安全并举)、安全技术措施计划制度(企业各单位在编制年度生产、技术、财务计划的同时,必须编制安全技术措施计划)、定期检查制度(定期进行安全检查)、伤亡事故的调查和处理(调查处理事故要做到事故原因分析清楚,事故责任者和群众都受到教育,以及决定采取新的防范措施)。

(3) 建立安全专职机构和配备专职的安全技术人员。

(4) 切实保证职工在安全的条件下进行施工作业。各种临时施工设施都要符合国家规定的标准,各种安全防护装置都要可靠、有效。

(5) 采取有针对性的安全技术措施。安全技术措施要针对工程特点,在深入调查研究后制定。还要做好安全技术交底工作。

5. 材料管理

材料管理就是对施工过程中所需的各种材料,围绕采购、储备和消费,所进行的一系列组织和管理工作;(这一系列组织和管理工作)是借助计划、组织、指挥、监督和调节等管理职能,依据一定的原则、程序和方法,搞好材料平衡供应,高效、合理地组织材料的储存、消费和使用,以保证建筑安装生产的顺利进行。

6. 机械管理

机械管理是指施工企业对机械设备的装备购置、经营生产、使用维修、更新改造、处理报废等全过程管理工作的总称,它包括机械设备的物质运动和价值运动全过程的一切管理工作。

管理工程机械是当前施工企业从事施工生产极其重要的工具。随着建筑工程市场竞争的日益激烈,企业改革的进一步深化,工程机械在现代化建筑施工中的作用已尤为突出,机械设备管理在施工企业中也越来越受到重视。但由于各方面因素的影响,施工企业在机械设备管理过程中仍面临着许多实际问题需要解决,如:工程机械装备落后与施工要求逐步提高之间不配套,专业技术力量薄弱与机械装备技术先进之间不满足,企业设备管理水平低与施工机械化程度高之间不适应等。古语有云:"工欲善其事,必先利其器。"由此可见,如何设法搞好施工企业机械设备管理工作,正确分析与解决管理过程中的各种矛盾关系,管好、用好、养好、修好施工机械,对提高企业设备管理水平和技术水平,加快施工进度,提高工作效率,降低劳动强度,增强企业的市场竞争力都有十分重要的现实意义。

7. 财务管理

财务管理是对施工过程中的资金运动及各种经济关系进行全面综合的组织、调节、监督和控制的经济管理工作。

8. 成本管理

成本管理是施工企业施工项目管理中的一项重要工作,它贯穿于施工项目管理的全过程,是工程项目管理的关键所在,反映了企业经营效果的综合指标。激烈的建筑市场竞争,已经成为建筑施工企业成本管理能力的竞争。成本管理环节众多,一般有成本预测、成本计划、成本核算等。

四、施工组织设计简介

1. 定义

单位工程施工组织设计是建筑施工企业组织和指导单位工程施工全过程各项活动的技术经济文件。

单位工程施工组织设计一般由施工单位的工程项目主管工程师负责编制,并根据工程项目的大小,报公司总工程师审批或备案。它必须在工程开工前编制完成,并应经该工程监理单位的总监理工程师批准方可实施。

2. 单位施工组织设计的依据

依据包括:主管部门的批示文件及有关要求及合同;经过会审的施工图;施工企业年度施工计划;施工组织总设计;工程预算文件及有关定额;建设单位对工程施工可能提供的条件;施工条件;施工现场的勘察资料;有关的规范、规程和标准;有关的参考资料及施工组织设计实例。

3. 施工组织的分类

按施工组织设计的编制阶段不同,可分为标前施工组织设计和标后施工组织设计。

按施工组织设计的编制对象不同,可分为施工组织总设计;单项(单位)工程施工组织设计和分部分项工程施工组织设计。

4. 单位工程施工组织设计的编制程序

单位工程施工组织设计的编制程序如图1.3所示。

5. 单位工程施工组织设计的内容

(1) 工程概况及施工特点分析,包括:①工程建设情况。②建设地点特征。③建筑、结构特点。如建筑设计概况主要介绍拟建工程的建筑面积、平面形状和平面组合情况、层数、层高、总高、总长、总宽等尺寸及室内外装修的情况;结构设计概况主要介绍基础的类型,埋置深度,设备基础的形式,主体结构的类型,墙、柱、梁、板的材料及截面尺寸,预制构件的类型及安装位置,楼梯构造及形式等。④施工条件。⑤工程施工特点分析。

(2) 施工方案,主要包括确定各分部分项工程的施工顺序、施工方法和选择适用的施工机械、制订主要技术、组织措施。

(3) 单位工程施工进度计划表,主要包括确定各分部分项工程名称,计算工程量,计算劳动量和机械台班量,计算工作延续时间,确定施工班组人数及安排施工进度,编制施工准

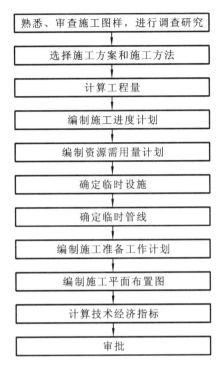

图 1.3 单位工程施工组织设计的编制程序

备工作计划及劳动力、主要材料、预制构件、施工机具需要量计划等内容。

(4)施工准备工作计划。

(5)资源需用量计划。

(6)单位工程施工平面图,主要包括确定起重、垂直运输机械、搅拌站、临时设施、材料及预制构件堆场布置,运输道路布置,临时供水、供电管线的布置等内容。

(7)主要技术经济指标,包括工期指标、工程质量指标、安全指标、降低成本指标等内容,简称为"一案一表一图"。

五、施工组织机构

1. 多方主体

多方主体包括业主方、监理单位、设计方、施工总承包及各分包方、政府主管部门派驻现场的专门机构(质量监督)。

2. 施工项目经理

施工项目经理承建商在施工项目上一次性委托授权的最高管理者或项目负责人,具有承建商企业法定代表代理人的身份。

施工项目经理规定:必须经过培训、考核、注册,通过建造师执业资格考试,取得注册的资格者,才能担任施工项目经理。

主要职责:①执行法律、法规、政策、制度。②履行施工合同、控制项目管理目标。③生产要素的配置和管理。④有关方面联络、沟通和协调。⑤组织结构设计和岗位设置、规章制度。⑥科技应用与创新。⑦质量检验评定和竣工验收。

权限:①组织方案及人员的配备、绩效考评、分配。②施工生产要素的配置(施工分包、材料采购、机械租赁、资金使用等)。③统一部署和指挥工程(施工例会和生产调度,施工技术质量、成本、工期和安全控制)。

3. 项目经理部

组建的时间:在投标文件中说明施工项目经理部的组成方案;合同签订之后、开工之前,再向业主报送正式名单。

组建的方式(组织结构)如图1.4、图1.5、图1.6所示。

(1) 群体建筑或大型工程项目,矩阵制。
(2) 中型施工项目,直线职能制。
(3) 小型项目,直线制。

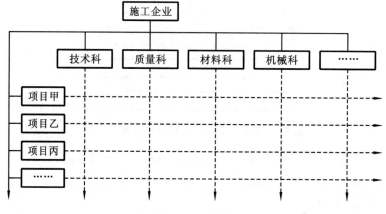

图1.4 矩阵制

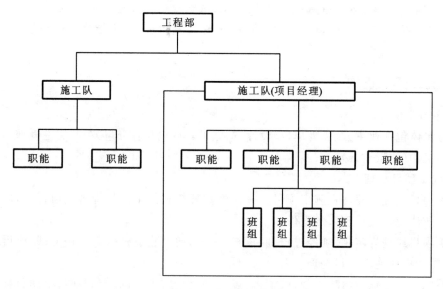

图1.5 直线职能制

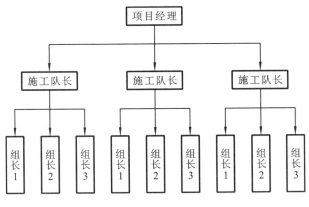

图 1.6 直线制

4. 管理制度(书面文件和检索目录)

(1) 项目经理责任制度；
(2) 技术与质量管理制度；
(3) 图样与技术档案管理制度；
(4) 计划、统计与进度报告制度；
(5) 成本核算制度；
(6) 材料物资与机械设备管理制度；
(7) 文明施工、场容管理与安全生产制度；
(8) 项目管理例会与组织协调制度；
(9) 项目分包及劳务管理制度；
(10) 项目公共关系与沟通管理制度等。

子学习情境 2　流水施工

 工作任务

(1) 某国际机场的管理采用施工总包管理模式,建工(集团)总公司与机场建设指挥部签订施工管理总承包合同,对航站区项目的质量、进度、合同造价、安全以及文明施工等进行全面的管理,时间期限直到工程竣工验收。同时,航站区工程的专业分包单位一般由机场建设指挥部指定,指定分包单位与建工(集团)总公司签订分包合同,机场建设指挥部予以签证。建工(集团)总公司参与并将各指定分包单位纳入统一管理、协调和控制。试画出该工程的管理模式图。

(2) 某三幢房屋基础工程有五个施工过程,基槽挖土2天,混凝土垫层1天,钢筋混凝土基础2天,墙基础1天,回填土1天,一幢房屋作为一个施工段。根据以上数据,分别采用依次、平行、搭接、流水施工方式组织施工,比较优缺点,并画出横道图。

(3) 某住宅的基础工程,施工过程分为土方开挖、垫层、绑扎钢筋、浇捣混凝土、砌筑砖基础、回填土。工程量如表1.3所示。

表 1.3 基础工程工程量表

施工过程	工程量	单位	产量定额	每段劳动量	人数/台数	流水节拍/K
土方开挖	560	m^3	65	—	1	?
垫层	32	m^3	—	—	—	—
绑扎钢筋	7600	kg	450	?	?	?
浇捣混凝土	150	m^3	1.5	?	?	?
砌墙基	220	m^3	1.25	?	?	?
回填土	300	m^3	65	—	1	—

组织间歇 $Z=2$ 天(垫层与回填土,各 1 天);工艺间歇(浇捣混凝土和砌基础墙之间)$G=2$ 天;$n=4,m=4$(四个施工段)。试组织等节拍的流水施工,并求工期和各施工过程的人数和节拍,画出横道图。

(4) 在工作任务 2 中,其他条件不变,若已知挖土、绑钢筋、浇混凝土、砌墙基的人数分别为 1、4、6、11,试组织流水施工,并求工期和各施工过程的节拍,画出横道图。

(5) 某工程有关参数如表 1.4 所示,组织无窝工现象的无节奏流水,请计算步距、工期,并绘制横道图。采用合理的流水施工方式组织施工,并画出横道图,求出工期。

表 1.4 流水节拍

施工过程 \ 施工段	一	二	三	四
A	3 天	4 天	3 天	4 天
B	2 天	2 天	2 天	2 天
C	4 天	3 天	2 天	3 天
D	5 天	2 天	2 天	5 天

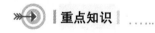

一、施工组织的基本形式

在组织同类项目或将一个项目分成若干个施工区段进行施工时,可以采用不同的施工组织方式,如依次施工、平行施工、搭接施工、流水施工等组织方式。

依次施工:指完成第一个施工对象之后,再去完成另一个施工对象,直到将所有的施工对象全部完成的组织方式。

平行施工:指几个施工对象同时开始,然后同时结束的组织方式。

搭接施工:指施工区段中的各个施工过程,按照施工顺序和工艺过程的自然衔接关系进行安排的一种方法。有利于缩短工期,但施工过程不连续。

流水施工:指将一个项目划分成若干个施工过程和施工段(流水线法没有明确的分段标志),各施工过程分别由专业班组完成,各专业班组携带一定的工具依次在各个不同的施工段完成相同施工任务的组织方式。

二、施工任务的组织形式

1. 平行承发包模式

所谓平行承发包,是指业主将建设工程的设计、施工及材料设备采购的任务经过分解分别发包给若干个设计单位、施工单位和材料设备供应单位,并分别与各方签订合同,如图 1.7 所示。

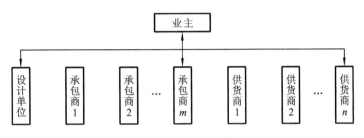

图 1.7　平行承发包模式

平行承发包模式的优缺点有以下几个方面。

优点:①有利于缩短工期;②有利于质量控制;③有利于业主选择承建单位。

缺点:①合同数量多,会造成合同管理困难;②投资控制难度大。

2. 设计或施工总分包模式

所谓设计或施工总分包,是指业主将全部设计和施工任务发包给一个设计单位或一个施工单位作为总包单位。

总包单位可以将其部分任务再分包给其他承包单位,形成一个设计总包合同或一个施工总包合同以及若干个分包合同的结构模式,如图 1.8 所示。

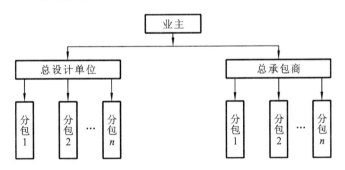

图 1.8　设计或施工总承包模式

设计或施工总分包模式优缺点有以下几个方面。

优点:①有利于建设工程的组织管理;②有利于投资控制;③有利于质量控制;④有利于工期控制。

缺点:①建设周期较长;②总报价可能较高。

3. 项目总承包模式

所谓项目总承包模式是指业主将工程设计、施工、材料和设备的采购等工作全部发包给一家承包公司,由其进行实质性设计、施工和采购工作,最后向业主交出一个已达到使用条件的工程。按这种模式发包的工程也称"交钥匙工程",这种模式如图1.9所示。

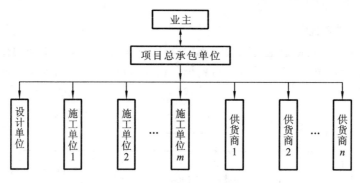

图 1.9　项目总承包模式

项目总承包模式优缺点有以下几个方面。

优点:①合同关系简单;②缩短建设周期;③利于投资控制。

缺点:①合同发包工作难度大;②业主择优选择承包方范围小;③质量控制难度大。

4. 项目总承包管理模式

所谓项目总承包管理模式是指业主将工程建设任务发包给专门从事项目组织管理的单位,再由它分包给若干设计、施工和材料设备供应单位,并在实施中进行项目管理。与项目总承包的不同之处是:该模式中组织管理的单位不直接进行设计与施工,没有自己的设计和施工力量,而是将承接的设计和施工任务全部都包出去,他们专心于建设项目管理。

项目总承包管理模式的优缺点有以下几个方面。

优点:合同管理、组织协调比较有利,进度控制也有利。

缺点:项目总承包管理单位自身经济实力一般比较弱,而承担的风险相对较大,因此设计单位采用这种承发包模式应持谨慎态度。

5. 建设工程组织管理的新模式

1) CM 模式(construction management)

CM 模式是由业主委托 CM 单位,以一个承包商的身份,采取有条件的"边设计、边施工",即用 Fast Track 的生产组织方式来进行施工管理,直接指挥施工活动,在一定程度上影响设计活动,而它与业主的合同通常采用"成本加利润"这样一种承发包模式。特点是设计与施工充分搭接,如图1.10、图1.11所示。

CM 模式适用设计变更可能性较大的建设项目、时间因素最为重要的建设项目、因总的范围和规模不确定而无法准确定价的建设工程。

2) Partnering 模式

Partnering 模式是业主与项目参与各方之间为了取得最大的资源效益,在相互信任、资源共享的基础上达成的一种短期或长期的相互协定,如图1.12所示。这种协定突破了传统的组织界限,在充分考虑参与各方利益的基础上通过确定共同的项目目标,建立工作小组,及时地沟通以避免争议和诉讼的发生,培育相互合作的良好工作关系,共同解决项目中的问题,共同分担风险和成本,以促使在实现项目目标的同时也保证参与各方目标和利益的实现,如表1.5所示。Partnering 的项目组织结构如图1.13所示。Partnering 小组的组织结

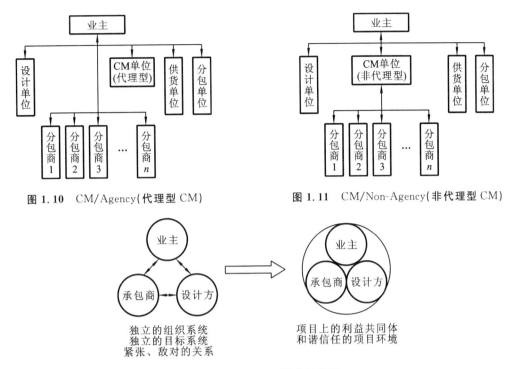

图 1.10　CM/Agency(代理型 CM)　　　图 1.11　CM/Non-Agency(非代理型 CM)

图 1.12　Partnering 模式示意图

构如图 1.14 所示。Partnering 模式的核心系统如图 1.15 所示。

表 1.5　Partnering 模式与传统建设模式的比较

序号	比较方面	传统建设模式	Partnering 模式
1	目标	投资、进度和质量	将项目参与各方的目标融为一个共同的项目目标
2	相互关系	紧张甚至是敌对的关系	相互信任,开诚布公地沟通,着眼于问题的解决
3	期限	项目或合同设定的期限	往往是多个项目的长期合作
4	合同	传统的法律合同	传统的法律合同加上非合同性的 Partnering 协议

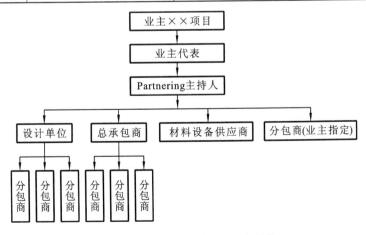

图 1.13　Partnering 的项目组织结构

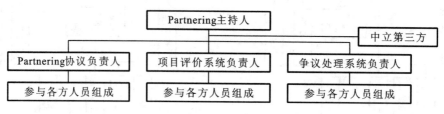

图 1.14 Partnering 小组的组织结构

图 1.15 Partnering 模式的核心系统

（1）Partnering 的争议处理系统。每一步都有明确的时间概念，保证争议解决的时效性；每一步解决措施都有明确的管理层次负责；解决方法由简单到复杂逐步升级，并尽可能采用最小的成本解决问题；需要事先由参与各方指定一个中立的第三方，他与项目无任何利益关系，并且对项目建设的整个系统非常熟悉，是工程建设方面的专业人士。

（2）Partnering 模式的适用情况。适用情况包括业主长期有投资活动的建设工程；不宜公开招标或邀请招标的建设工程；复杂的不确定因素较多的建设工程；国际金融组织贷款的建设工程。

3）EPC 总承包

EPC 总承包模式是一种主要的工程总承包模式，指工程总承包企业按照合同约定，承担工程项目的设计、采购、施工、试运行服务等工作，并对承包工程的质量、安全、工期、造价全面负责，最终向业主提交一个满足使用功能、具备使用条件的工程项目。EPC 组织结构图如图 1.16 所示。

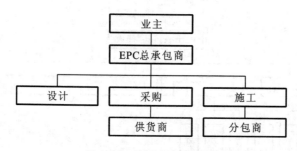

图 1.16 EPC 组织结构图

EPC 总承包与项目管理的主要区别如表 1.6 所示。

表 1.6　EPC 总承包与项目管理的区别

比较内容	EPC 总承包	项目管理
工作范围	具体项目的实施	专业化的服务
保证	按约定标准和时间实施项目	满足专业标准要求
商务	固定总价	费用补偿
角色	独立的承包商	业主的代表
进度	保证完成日期	无进度担保

EPC 总承包模式的优点有：能充分发挥设计在建设过程中的主导作用，有利于整体方案的不断优化；能有效地克服设计、采购、施工相互制约和脱节的矛盾，有利于设计、采购、施工各阶段工作的合理交叉，有效地实现建设项目的进度、成本和质量三项控制，获得较好的投资效益。

4）项目总控

项目总控（project controlling）是以现代信息技术为手段，对大型建设工程进行信息的收集、加工和传输，用经过处理的信息流指导和控制项目建设的物质流，支持项目决策者进行策划、协调和控制的管理组织模式，如图 1.17 所示。

项目总控的目标为进度的策划与控制、投资的策划与控制、质量的策划与控制。

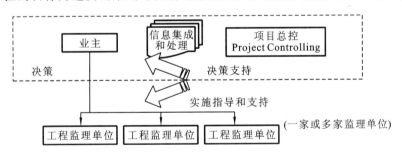

图 1.17　业主（项目公司或指挥部）＋项目总控＋工程监理

三、流水施工的参数计算

例 1.1　建四幢相同的建筑物，其编号分别为Ⅰ、Ⅱ、Ⅲ、Ⅳ。它们的基础工程量都相等，而且均由挖土方、做垫层、砌基础和土方回填四个施工过程组成，每个施工过程在每个建筑物中的施工天数均为 5 天。其中，挖土方时，工作队由 8 人组成；做垫层时，工作队由 6 人组成；砌基础时，工作队由 14 人组成；回填土时，工作队由 5 人组成。横道图如图 1.18 所示。

（1）流水施工组织的优缺点如表 1.7 所示。

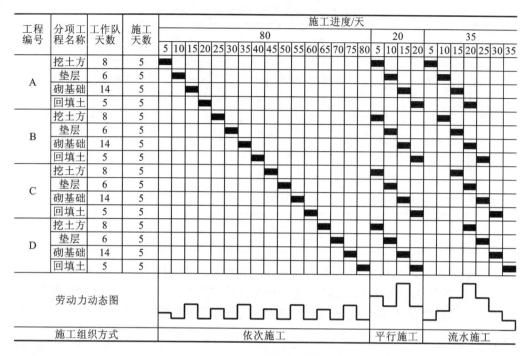

图 1.18 施工组织方式横道图

表 1.7 组织方式优缺点分析

依次施工	平行施工	流水施工
(1)工作面有空闲,工期长; (2)实行专业班组,有窝工现象; (3)日资源用量少,品种单一,但不均匀; (4)消除窝工则不能实行专业班组施工,对提高劳动生产率和工程质量不利	(1)充分利用工作面,工期短; (2)实行专业班组如不进行工程协调,则有窝工现象; (3)日资源用量大品种单一,且不均匀; (4)对合理利用资源,提高劳动生产率和工程质量是不利的	(1)合理利用工作面,工期适中; (2)实行专业班组减少窝工现象; (3)日资源耗用量适中,且比较均匀; (4)实行专业班组,则有利于提高劳动生产率和工程质量

(2)流水施工组织要点包括划分施工过程、划分施工段、实行专业班组、保证主导施工过程连续均衡施工、每个施工段应有足够的工作面。

(3)流水施工分级图如图 1.19 所示。

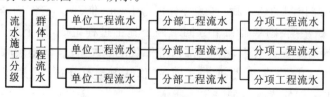

图 1.19 流水施工分级示意图

（4）施工的基本表达方式如图 1.20 所示。

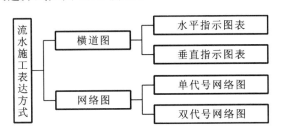

图 1.20　施工的基本表达方式

四、施工组织的参数

在组织拟建工程项目流水施工时，用以表达流水施工在工艺流程、空间布置和时间安排等方面开展状态的参数，称为流水参数。它主要包括工艺参数、空间参数和时间参数三类。

1. 工艺参数

工艺参数一般指的是在组织拟建工程流水施工时，其整个建造过程可分解的几个施工步骤。实际就是施工过程数，它用"n"表示。

施工过程划分依据：施工进度计划的性质和作用；施工方案的不同（工程结构的复杂难易程度）；劳动组织及劳动量的大小；劳动内容和范围。

2. 空间参数

在组织流水施工时，用以表达流水施工在空间布置上所处状态的参数，称为空间参数。一般用施工段（m）、工作面（a）和施工层数（r）来表示。

施工段：为了有效地组织流水施工，通常把拟建工程项目在平面上划分成若干个劳动量大致相等的施工段落，这些施工段落称为施工段。施工段的数目，通常用 m 表示。

划分施工段的目的和原则：①对多层或高层建筑物，施工段的数目要满足合理流水施工组织的要求；②为了保证拟建工程项目结构整体的完整性，施工段的分界线应尽可能与结构的自然界线相一致；③专业工作队在各个施工段上的劳动量要大致相等；④为了充分发挥工人、主导施工机械的生产效率，每个施工段要有足够的工作面；⑤以主导施工过程为依据划分施工段；⑥有层间关系的，应连续施工。对于多层的拟建工程项目，既要划分施工段，又要划分施工层，即 $m \geq n$。

3. 时间参数

在组织流水施工时，用以表达流水施工在时间排序上的参数，称为时间参数。一般用流水节拍（t_i）、流水步距（$K_{i,i+1}$）、流水间歇时间（Z）（包括技术间歇时间和组织间歇时间）、流水工期（T_L）、平行搭接时间（C）来表示。

流水节拍：从事某个专业的施工班组在某一施工段上完成任务所需的时间，用 t_i 表示。

流水步距：相邻两个施工班组投入施工的时间间隔（不包括技术及组织间歇时间）或相邻的施工过程先后进入同一施工段开始施工的时间间歇称为流水步距。流水步距用 k 来表示，数目等于（$n-1$）个参加流水施工的施工过程数。

技术间歇时间：在组织流水施工时，除要考虑相邻专业工作队之间的流水步距外，有时根据建筑材料或现浇构件等的工艺性质,还要考虑合理的工艺等待时间,这个等待时间称为技术间歇时间。

组织间歇时间:在组织流水施工中由于施工组织的原因,造成的间歇时间称为组织间歇时间。如墙体砌筑前的墙体位置弹线,施工人员、机械设备转移,回填土前地下管道检查验收等。

平行搭接时间:在组织流水施工中,为缩短工期,在工作面允许的条件下,使后一个施工队提前进入施工段,前后施工队在同一施工段上平行搭接施工,这个搭接时间称为平行搭接时间,用 C 表示。

流水工期:从第一个施工过程开始施工到最后一个施工过程完成施工所持续的时间称为流水工期,用 T_L 表示。

流水步距与工期的关系如表1.8所示。

表1.8 流水步距与工期关系示意表

施工过程名称	施工进度/天									
	1	2	3	4	5	6	7	8	9	10
挖土方		①		②						
垫层			B	①		②				
砌基础					B	①		②		
回填土							B	①		②

$\sum B=(n-1)\cdot B$ $Tn=\sum mtn$

工期 $T=\sum B+Tn$

五、流水施工的组织方式

1) 等节拍流水施工

等节拍流水施工如表1.9所示。

表1.9 等节拍流水施工表

施工过程(n) \ 施工段(m)	一	二	三	四
A	流水节拍=6天	流水节拍=6天	流水节拍=6天	流水节拍=6天
B	流水节拍=6天	流水节拍=6天	流水节拍=6天	流水节拍=6天
C	流水节拍=6天	流水节拍=6天	流水节拍=6天	流水节拍=6天
D	流水节拍=6天	流水节拍=6天	流水节拍=6天	流水节拍=6天

流水步距的确定: $K_{i,i+1}=t_i$;

工期计算: $T_L=\sum K_{i,i+1}+T_n=(n-1)t_i+mt_i=(n-1+m)t_i$

例 1.2 某分部工程分为 A、B、C、D 四个施工过程,每个过程又分为 3 个施工段,流水节拍为 4 天,求工期。

解 $T=(4+3-1)\times 4$ 天 $=24$ 天

全等节拍流水施工的适用范围:适用于分部工程流水(专业)流水,不适用于单位工程,特别是大型建筑群。因全等节拍流水施工虽是一种比较理想的流水施工方式,它能保证专业班组的工作连续,工作面充分利用,实现均衡施工,但它要求划分的分部、分项工程都采用相同的流水节拍,对一个单位工程来说十分困难,不易达到,所以应用范围不广。

2)有节奏流水施工

有节奏流水施工是指同一施工过程在各施工段上的流水节拍相等,不同施工过程的流水节拍不一定相等的流水施工方式,分为异步距节拍流水和等步距节拍流水。

流水步距的确定:$K_{i,i+1}=t_i+Z_j-C_d$ (当 $t_i \leqslant t_{j+1}$ 时)

$$K_{i,i+1}=mt_i-(m-1)t_{i+1}+Z_j-C_d \quad (当 t_i > t_{j+1} 时)$$

工期计算:$T_L=\sum K_{i,i+1}+T_n=\sum K_{i,i+1}+mt_n$

例 1.3 某工程分为 A、B、C、D 四个施工过程,每个过程又分为四个施工段,各施工过程的流水节拍分别为 $t_A=3, t_B=2, t_C=5, t_D=2$,B 工作完成后需 1 天的技术间歇时间。试组织流水施工,求工期。

解 流水步距:因 $t_A > t_B, t_j=0, t_d=0$,所以

$$K_{A,B}=mt_A-(m-1)t_B+Z_j-C_d=6$$
$$K_{B,C}=mt_B+Z_j-C_d=3$$
$$K_{C,D}=mt_C-(m-1)t_D+Z_j-C_d=14$$
$$T_L=\sum K_{i,i+1}+T_n=\sum K_{i,i+1}+mt_n=31$$

3)成倍节拍流水施工

特征:同一施工过程流水节拍相等,不同施工过程流水节拍等于或为最小节拍的整数倍数。各个施工段的流水步距等于其中最小的流水节拍。每个施工过程的班组数等于本过程流水节拍与最小节拍的比值。

流水步距的确定:$K_{i,i+1}=t_{\min}$

工期计算:$T_L=(n'-1+m)t_{\min}$ (n'——施工班组总数目,$n'=\sum B_i$)

例 1.4 某分部工程分为 A、B、C、D 四个施工过程,$m=6$,流水节拍分别为:$t_A=2, t_B=6, t_C=4, t_D=2$,试组织成倍节拍施工。

解 $B_A=1, B_B=3, B_C=2, B_D=1, n'=7, T_L=(6+7-1)\times 2$ 天 $=24$ 天

此施工组织适用于线形工程,如道路、管道。

4)无节奏流水施工

特征:同一施工过程流水节拍不完全相等,不同施工过程流水节拍也不完全相等。各个施工过程之间的流水步距不完全相等且差异较大。

流水步距的计算采用前苏联专家潘特考夫斯基发明的"累加数例错位相减求大差法"。第一步:将每个施工过程的流水节拍逐段累加;第二步:错位相减,即从前一个施工班组由加入流水起到完成该段工作止的持续时间和,减去后一个施工班组由加入流水起到完成前一个施工段工作止的持续时间和(即相邻斜减),得到一组差数;第三步:取上一步斜减差数中

的最大值作为流水步距。

例 1.5 某分部工程有 A、B、C、D 四个施工过程,有关数据见表 1.10。

表 1.10

施工过程	总 工 程 量		产量定额/工日	班 组 人 数		流水段数
	单位	数量		最低	最高	
A	m²	600	5	10	15	4
B	m²	1600	5	20	40	4
C	m²	960	4	12	20	4
D	m²	600	5	10	15	4

试求:(1) 若工期不规定,试组织异节拍流水施工,画出横道图。

(2) 若工期规定 21 天,试组织全等节拍流水施工,画出横道图。

解 根据已知条件,施工过程数为 4,施工段数为 4,各施工过程在每一段上的工程量为:

$$Q_A = 600/4 = 150;\quad Q_B = 1600/4 = 400;\quad Q_C = 960/4 = 240;\quad Q_D = 600/4 = 150$$

(1) 按异节拍流水组织施工(见表 1.11)。

根据班组最高人数与最低人数,求出各施工过程的最小与最大流水节拍。

$t_{1min} = Q_A/(SARA_{max}) = 150/(5 \times 15)$ 天 $= 2$ 天,$t_{1max} = Q_A/(SARA_{min}) = 150/(5 \times 10)$ 天 $= 3$ 天

$t_{2min} = Q_B/(SBRB_{max}) = 400/(5 \times 40)$ 天 $= 2$ 天,$t_{2max} = Q_B/(SBRB_{min}) = 400/(5 \times 20)$ 天 $= 4$ 天

$t_{3min} = Q_C/(SCRC_{max}) = 240/(4 \times 20)$ 天 $= 3$ 天,$t_{3max} = Q_C/(SCRC_{min}) = 240/(4 \times 12)$ 天 $= 5$ 天

$t_{4min} = Q_D/(SDRD_{max}) = 150/(5 \times 15)$ 天 $= 2$ 天,$t_{4max} = Q_D/(SDRD_{min}) = 150/(5 \times 10)$ 天 $= 3$ 天

考虑到尽量缩短工期,使班组人数趋于平衡,取:$t_1 = 2$ 天,$RA = 15$ 人;$t_2 = 4$ 天,$RB = 20$ 人;$t_3 = 3$ 天,$RC = 20$ 人;$t_4 = 2$ 天,$RD = 15$ 人。

确定流水步距:

因 $t_1 < t_2$,所以 $\qquad K_{1,2} = t_1 = 2$ 天

因 $t_2 > t_3$,所以 $\qquad K_{2,3} = mt_2 - (m-1)t_3 = 7$ 天

因 $t_3 > t_4$,所以 $\qquad K_{3,4} = mt_3 - (m-1)t_4 = 6$ 天

工期: $\qquad T = \sum K + mt_n = 23$ 天

表 1.11 异节拍流水施工横道图

过程	人数	施工进度/天																							
		1	2	3	4	5	6	7	8	9	10	11	12	13	14	15	16	17	18	19	20	21	22	23	24
A	15																								
B	20																								

续表

过程	人数	施工进度/天																							
		1	2	3	4	5	6	7	8	9	10	11	12	13	14	15	16	17	18	19	20	21	22	23	24
C	20										─	─	─	─	─	─	─	─		─	─	─			
D	15																─	─	─	─	─	─	─	─	─

(2) 规定工期的全等节拍流水施工(见表1.12)。

根据题意，$T=21$ 天，$t_1=t_2=t_3=t_4=$ 常数，则

$$T=(n+m-1)t_i=7t_i=21 \text{ 天}, \quad t_i=3 \text{ 天}$$

根据 $t=Q/(SR)$，求各施工班组的人数为

$$RA=150/(3×5) \text{ 人}=10 \text{ 人}，可行$$
$$RB=400/(3×5) \text{ 人}=26.6 \text{ 人}，可行$$
$$RC=240/(3×4) \text{ 人}=20 \text{ 人}，可行$$
$$RD=150/(3×5) \text{ 人}=10 \text{ 人}，可行$$

所以流水步距 $B=3$ 天。

表1.12 全等节拍流水施工横道图

过程	人数	施工进度/天																							
		1	2	3	4	5	6	7	8	9	10	11	12	13	14	15	16	17	18	19	20	21	22	23	24
A	10																								
B	27																								
C	20																								
D	10																								

学习情境二　砖混结构工程施工组织

子学习情境 1　工程背景

1. 工程概况

工程名称:某中学 1♯、2♯、5♯、6♯宿舍楼。

2. 工程特点

本宿舍楼为砖混结构,基础为超流态灌注桩,桩上条形基础,东西长 54.72 m,南北宽 16 m。地上 5 层,层高 3.6 m,地上总高度 17.7 m(室外地坪至女儿墙顶),建筑面积12446.64 m^2。开工日期:2008 年 4 月 1 日,竣工日期:2008 年 11 月 30 日。

3. 分部分项工程概况

1) 地基与基础工程

本工程为超流态灌注桩,桩上条形基础,经现场踏勘,灌注桩已经施工完成。

2) 主体工程

本工程为砖混结构,楼层板采用现浇钢筋混凝土板。

① ±0.000 m 以下砌体采用水泥砂浆 M10 砌筑 MU10 煤矸石砖;

② ±0.000 m 至 7.160 m 砌体采用混合砂浆 M10 砌筑 MU10 煤矸石砖;

③ 7.160 m 至 17.700 m 砌体采用混合砂浆 M7.5 砌筑 MU10 煤矸石砖;

④ 17.700 m 之上砌体采用混合砂浆 M5.0 砌筑 MU10 煤矸石砖。

3) 装饰工程

① 楼地面工程:本工程卫生间、阳台、洗衣房楼地面采用铺防滑防水地面砖;其他地面采用地面砖地面。

② 内墙装饰:本工程卫生间采用面砖防水墙面,瓷砖到顶;其他房间采用混合砂浆抹面,刮仿瓷涂料。

③ 外墙装饰:本工程外墙装饰采用喷刷涂料及面砖镶贴装饰。

④ 门窗工程:本工程外窗采用墨绿色塑钢窗、中空玻璃,内门采用夹板门。

⑤ 天棚工程:本工程卫生间顶棚采用水泥砂浆涂料顶棚,刷防水涂料;其他房间采用涂料顶棚。

4) 屋面工程

本工程屋面做法采用两道防水设防,第一道防水采用 3 厚高聚物改性沥青防水涂料,第二道防水采用 3 厚高聚物改性沥青防水卷材,屋面保温层采用挤塑聚苯板保温材料保温。

4. 建筑地点特征

气象资料:年平均气温12 ℃,极高气温40.7 ℃,极低气温−21 ℃,最大积雪期限36 天,年平均相对湿度65%,平均降水量 671.5 mm,最大降水量 1080.8 mm,最小降水量 327.00

mm,夏季平均气压 100.46 kPa,冬季平均气压 102.76 kPa,最大冻土深度为 0.43 m。地震烈度设防为 7 度设防。

5. 施工条件

经现场踏勘"三通一平"已具备施工条件。地质勘探已完成,地下水位较深,地下水对施工无影响。

子学习情境 2 进度控制

一、网络计划技术

网络计划技术是一种有效的系统分析和优化技术。它来源于工程技术和管理实践,又广泛地应用于军事、航天和工程管理、科学研究、技术发展、市场分析和投资决策等各个领域,并在诸如保证和缩短时间、降低成本、提高效率、节约资源等方面取得了显著的成效。我国引进和应用网络计划理论,除国防科研领域外,以土木建筑工程建设领域最早,并且在有组织地推广、总结和研究这一理论方面,历史也最长。

自 20 世纪 50 年代以来,国外陆续出现了一些计划管理的新方法,其中最基本的是关键线路法(CPM)和计划评审技术(PERT)。由于这些方法是建立在网络图的基础上的,因此统称为网络计划方法。

横道图的特点是简单明了、直观易懂、容易掌握,便于检查和计算资源需求状况。但不能全面而正确地反映各项工作之间相互制约、相互依赖、相互影响的关系;不能反映主次部分,即关键工作;难以在资源有限的情况下合理组织施工、挖掘计划的潜力;不能准确评价计划经济指标。

施工网络计划方法的特点是能全面而明确地反映出各项工作之间的相互依赖、相互制约的关系;通过计算,能找出关键线路和关键工作,抓住主要矛盾,避免盲目施工;能利用计算出的机动时间,更好地调配人力、物力,达到降低成本的目的;利用计算机对复杂的网络计划进行调整和优化,实现科学管理;进行有效的控制和调整,保证最低消耗和最大经济效果,采取措施,消除不利因素。

网络计划的表达形式是网络图。所谓网络图是指由箭线和节点组成的、用来表示工作流程的有向、有序的网状图形。网络图中,按节点和箭线所代表的含义不同,可分为双代号网络图和单代号网络图两大类,如图 2.1、图 2.2 所示。

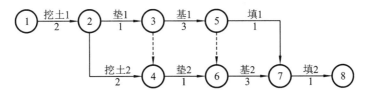

图 2.1 双代号网络进度计划图

双代号网络计划如图 2.3 所示。

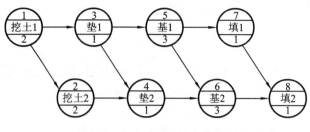

图 2.2 单代号网络进度计划图

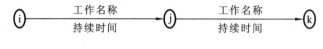

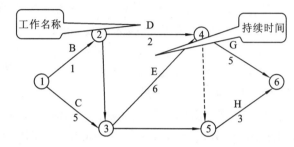

图 2.3 双代号网络计划图

二、虚工作

网络计划中,只表示前后相邻工作之间的逻辑关系,既不占用时间,也不耗用资源的虚拟的工作称为虚工作。虚工作用虚箭线表示,表达形式可竖直方向向上或向下,也可水平方向向右,虚工作起着联系、区分、断路三个作用。

1) 联系作用

虚工作不仅能表达工作间的逻辑关系,而且能表达不同幢号的房屋之间的相互联系。例如,工作 A、B、C、D 之间的逻辑关系为工作 A 完成后 C、D 同时进行,B 完成后进行工作 D。如图 2.4 所示,A 完成后其紧后工作为 C,B 完成后其紧后工作为 D,很容易表达,但 D 又是 A 的紧后工作,为把 A 和 D 联系起来,必须引入虚工作,这样一来逻辑关系表达就正确了。

图 2.4 虚工作的联系作用

2) 区分作用

双代号网络计划是用两个代号表示一项工作,如果两项工作用同一代号表示,则不能明确表示出该代号表示哪一项工作。因此,不同的工作必须用不同的代号。如图 2.5 所示,(a)图出现"双同代号"的错误,可改为(b)。

3) 断路作用

为了正确表达工作之间的逻辑关系,在出现逻辑错误的圆圈(节点)之间增设新节点(即虚工作),切断毫无关系的工作关系联系,这种方法称为断路法。如图 2.6 所示,某基础工程

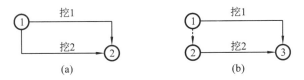

图 2.5　虚工作的区分作用

分为挖土、垫层、基础和回填土四项工作,划分三个施工段组织流水施工。该网络图中出现了挖土 2 与基础 1,垫层 2 与回填土 1,挖土 3 与基础 2、回填土 1,垫层 3 与回填土 2 四处错误,把并无联系的工作进行了联系,即出现了多余联系的错误。

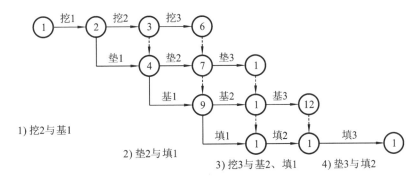

图 2.6　多余联系的错误图

为了正确表达工作之间的逻辑关系,在出现逻辑错误的圆圈(节点)之间增设新节点(即虚工作),切断毫无关系的工作之间的联系,这种方法就是断路法,如图 2.7 所示。

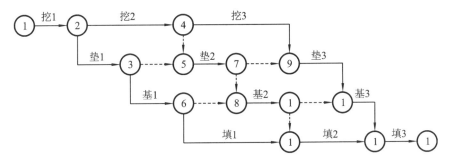

图 2.7　虚工作的正确图

由此可见,双代号网络图中虚工作是非常重要的,但在应用时要恰如其分,不能滥用,但必不可少为限。另外,增设虚工作后要进行全面检查,不要顾此失彼。

三、双代号网络计划的绘制

正确的网络计划图应正确表达各种逻辑关系,且工作项目齐全,施工过程数目得当,遵守绘图的基本原则,选择恰当的绘图排列方法。

双代号网络图的绘图规则:准确地表达出工作间的逻辑关系;在网络图中严禁出现循环回路;在节点之间严禁出现带双向箭头或无箭头的连线;双代号网络图中,严禁出现没有箭头节点或没有箭尾节点的箭线;双代号网络图节点编号顺序应从小到大,可不连续,但严禁重复;某些节点有多条外向箭线或多条内向箭线时,在不违反"一项工作应只有唯一的一条箭线和相应的一对节点编号"的前提下,可使用母线法绘图;绘制网络图时,宜避免箭线交叉,可用过桥法和指向法;双代号网络图中应只有一个起始节点;在不分期完成任务的网络图中,应只有一个终止节点。

例 2.1 已知工作和它的紧后工作如表 2.1 所示,试画出正确的双代号网络图。

表 2.1 工作的逻辑关系表

工 作	紧后工作
A	C D E
B	D E
C	F
D	F G
E	—
F	—
G	—

解 正确的双代号网络图如图 2.8 所示。

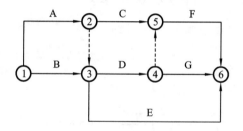

图 2.8 双代号网络图

工作逻辑关系如表 2.2 所示,对应双代号网络图如图 2.9 所示。

表 2.2 工作逻辑关系表

工 作	紧后工作
A	D
B	E G
C	F
D	G
E	H
F	H I
G	—
H	—
I	—

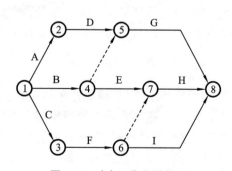

图 2.9 对应双代号网络图

四、双代号网络计划的计算

1. 各时间参数的含义

1) 工作持续时间

工作持续时间就是指一项工作或施工过程从开始到完成所需的时间,用符号 D_{i-j} 表示。

2) 工期

(1) 计算工期:根据时间参数计算所得,用 T_c 表示。

(2) 要求工期:项目法人在合同中要求的工期,用 T_r 表示。

(3) 计划工期:在 T_r 和 T_c 的基础上综合考虑所确定的作为实施目标的工期,用 T_p 表示。已规定要求工期时,$T_p \leqslant T_r$,未规定要求工期时,$T_p = T_c$。

3) 网络计划工作时间参数

(1) 最早开始时间就是在紧前工作全部完成后,本工作有可能开始的最早时刻,用 ES_{i-j} 表示。

(2) 最早完成时间就是在紧前工作全部完成后,本工作有可能完成的最早时刻,用 EF_{i-j} 表示。

(3) 工作最迟开始时间就是在不影响整个任务按期完成的条件下,工作必须开始的最迟时刻,用 LS_{i-j} 表示。

(4) 工作最迟完成时间就是在不影响整个任务按期完成的条件下,工作必须完成的最迟时刻,用 LF_{i-j} 表示。

(5) 工作的总时差就是各项工作在不影响总工期的前提下,本工作可利用的机动时间,用 TF_{i-j} 表示。

(6) 自由时差就是各项工作按最早时间开始,且不影响紧后工作最早开始时间的条件下本工作所具有的机动时间,用 FF_{i-j} 表示。

4) 节点的时间参数

(1) 节点最早时间就是以该节点为开始节点的各项工作的最早开始时间,用 ET_i 表示。从起始节点开始,顺箭线方向。

(2) 节点最迟时间就是以该节点为完成节点的各项工作的最迟完成时间,用 LT_i 表示。自终止节点开始,逆箭线方向。

2. 双代号时间参数的计算

双代号时间参数的计算方法有工作计算法、节点计算法、图上计算法、表上计算法。

1) 工作计算法

(1) 计算工作的最早开始时间和最早完成时间,即

$$EF_{i-j} = ES_{i-j} + D_{i-j}$$

从起点开始,顺箭线方向依次逐项计算,"沿线累加、逢圈取大"。$ES_{i-j} = 0$(i 为起始节点编号),其他 $ES_{i-j} = \max(ES_{h-j} + D_{h-j})$,只有一项紧前工作 $ES_{i-j} = EF_{h-j} = ES_{h-j} + D_{h-j}$,$ES_{h-i}$ 是紧前各项工作的最早开始时间,D_{h-j} 是紧前各项工作的持续时间。

(2) 确定网络计划工期,即计算工期 $T_c = \max(EF_{i-n})$。计划工期 T_p 的确定:已规定要求工期时,$T_p \leqslant T_r$,未规定要求工期时,$T_p = T_c$。

(3) 工作最迟完成时间 LF_{i-j}，工作最迟开始时间 LS_{i-j}，从终止节点开始，逆着箭线的方向依次逐项计算。$LF_{i-j}=LS_{i-j}+D_{i-j}$；$LF_{i-n}=T_p$，$T_p \leqslant T_r$ 或 $T_p=T_c$；其他 $LF_{i-j}=\min(LF_{j-k}-D_{j-k})$ 或 $LF_{i-j}=LT_j$。逆线相减、逢圈取小。

(4) 计算总时差 TF_{i-j}：
$$TF_{i-j}=LS_{i-j}-ES_{i-j}, \quad TF_{i-j}=LF_{i-j}-EF_{i-j}$$

(5) 计算工作的自由时差 FF_{i-j}：
$$FF_{i-j}=ES_{紧后}-EF_{本}=ES_{紧后}-(ES_{本}-D_{本})$$

2) 关键路线的确定

在网络图中总时差最小的工作称为关键工作。若合同工期等于计划工期时，关键线路上的工作总时差等于0；关键线路是从网络计划起点节点到结束节点之间持续时间最长的线路；关键线路不一定只有一条，有时存在两条以上；关键线路以外的工作称为非关键工作，若非关键工作时间延长且超过它的总时差，关键线路就变为非关键线路。

例 2.2 如图 2.10 所示，求时间参数。

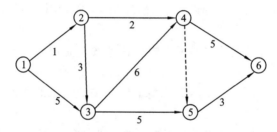

图 2.10 双代号网络图

解 时间参数的计算如图 2.11 所示。

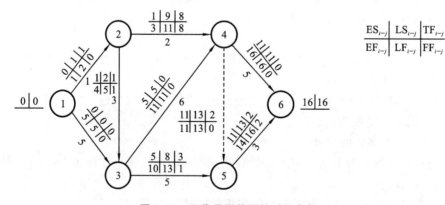

图 2.11 双代号网络图的时间参数

五、单代号网络图的绘制

(1) 正确表达各种逻辑关系，如图 2.12 所示。

(2) 在网络图中严禁出现循环回路。

(3) 在节点之间严禁出现带双向箭头或无箭头的连线。

（4）单代号网络图中，严禁出现没有箭头节点或没有箭尾节点的箭线。

（5）绘制网络图时，宜避免箭线交叉，可用过桥法和指向法。

（6）单代号网络图中应只有一个起始节点和一个终止节点，当出现多个时，应设一项虚工作，作为起始节点或终止节点。某些节点有多条外向箭线或多条内向箭线时，在不违反"一项工作应只有唯一的一条箭线和相应的一对节点编号"的前提下，可使用母线法绘图。

（7）单代号网络图节点编号顺序应从小到大，可不连续，但严禁重复。

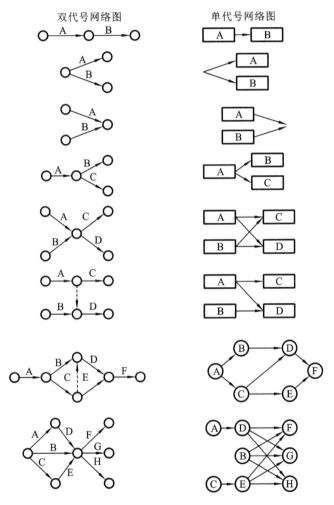

图 2.12 网络图的逻辑关系图

例 2.3 逻辑关系如表 2.3 所示，画出单代号网络图。

表 2.3 逻辑关系表

工作名称	A	B	C	D	E	F	G	H	I
紧前工作	—	—	—	B	B、C	C	A、D	E	E、F
紧后工作	G	D、E	E、F	G	H、I	I	—	—	—

解 单代号网络图如图 2.13 所示。

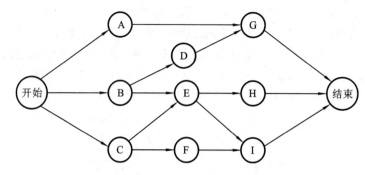

图 2.13 单代号网络图

六、单代号网络图的计算

1. 计算目的

(1) 确定关键线路和关键工作,便于抓住重点,向关键线路要时间;
(2) 明确非关键工作的时间机动性,挖掘潜力,统筹全局,部署资源;
(3) 确定总工期,做到进度心中有数。

2. 时间参数的计算

时间参数包括工作最早开始时间、工作最早完成时间、工作最迟开始时间、工作最迟完成时间、工作的自由时差、工作总时差、前后工作的时间间隔。

计算方法有分析计算法、图上计算法、表上计算法、矩阵计算法、电算法等。

常用符号与规定如下:

ES_i——i 工作最早开始时间;

EF_i——i 工作最早完成时间;

LS_i——i 工作最迟开始时间;

LF_i——i 工作最迟完成时间;

TF_i——i 工作的总时差;

FF_i——i 工作的自由时差;

LAG_{i-j}——相邻两项工作 i 和 j 之间的时间间隔。

(1) 工作(或节点)的最早开始时间 ES_i。

一般规定起始节点的最早开始时间为 0,其他节点的最早开始时间从起点开始,顺箭线方向依次逐项计算,等于它的各紧前工作的最早完成时间的最大值。

计算公式:$ES_i=0$(i 为起始节点编号),$ES_i=\max(EF_h)$ 或 $ES_i=\max(ES_h+D_h)$。

(2) 计算工作的最早完成时间 EF_i 的计算公式:

$$EF_i=ES_i+D_i$$

(3) 计算工期 T_c:

$$T_c=EF_n$$

(4) 计划工期 T_p 的确定:已规定要求工期时,$T_p \leqslant T_r$;未规定要求工期时,$T_p=T_c$。

(5) 时间间隔 LAG_{i-j}：

$LAG_{j-n} = T_p - EF_i$（终止节点）， $LAG_{i-j} = ES_j - EF_i$（其他节点）

(6) 总时差 TF_i：在不影响计划或紧后工作最迟必须开始时间的前提下，本工作可利用的机动时间。若已知其他条件：$TF_i = LS_i - ES_i$，则逆着箭线方向逐项计算，终止节点 $TF_n = 0$，其他 $TF_i = \min(TF_j + LAG_{i-j})$。

(7) 工作的自由时差 FF_i：自由时差是不影响其紧后工作最早开始时间的条件下本工作所具有的机动时间，$FF_i = \min(ES_j - EF_i)$ 或 $FF_i = \min(LAG_{i-j})$。

(8) 工作最迟完成时间 LF_i：从终止节点开始，逆着箭线的方向依次逐项计算。$LF_n = T_p$，其他 $LF_i = \min(LS_j) = (LF_j - D_j)$。

(9) 工作最迟开始时间 LS_i：$LS_i = LF_i - D_i$。

例 2.4 如图 2.14 所示，计算时间参数并找出关键路径。

解 单代号网络时间参数图如图 2.15 所示。

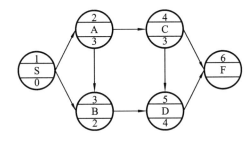

图 2.14

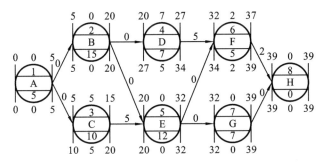

图 2.15 单代号网络时间参数图

通过以上学习，试绘制工程背景的施工进度计划，分别用双代号网络图和单代号网络图绘制。

子学习情境 3　施工方案

一、施工方案的选择

1. 施工顺序的确定

(1) 基本原则。①先地下，后地上；②先主体，后围护；③先结构，后装修；④先土建，后设备。

(2) 确定施工顺序的基本要求。必须符合施工工艺的要求；必须与施工方法协调一致；必须考虑施工组织的要求；必须考虑施工质量的要求；必须考虑当地的气候条件；必须考虑安全施工的要求。

(3) 确定施工流向及施工过程的先后顺序。

① 确定施工流向考虑因素。车间的生产工艺流程及使用要求；单位工程的繁简程度和施工过程之间的关系；房屋高低层和高低跨；施工方法的要求；工程现场施工条件；分部分项工程的特点及相互关系。

② 确定施工过程的先后顺序。确定施工过程应考虑以下几点：施工过程项目划分的粗细程度要适宜，应根据进度计划的需要来决定；施工过程的确定也要结合具体施工方法来进行；凡是在同一时期内由同一工作队进行的施工过程可以合并在一起，否则应当分开列项。确定施工先后顺序时应考虑的因素：施工工艺的要求；施工方法和施工机械的要求；施工组织的要求；施工质量的要求；当地气候的条件；安全技术要求。

2. 多层砖混结构居住房屋的施工顺序

多层砖混结构居住房屋的施工顺序如图 2.16 所示。

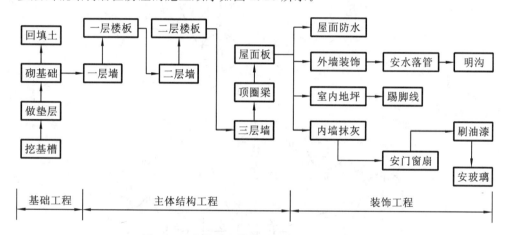

图 2.16　多层砖混结构居住房屋的施工顺序

3. 施工方法和施工机械的选择

选择施工方案时应着重研究以下三个方面的内容：①确定各分部分项工程的施工顺序；②确定主要分部分项工程的施工方法和选择适用的施工机械；③制订主要技术组织措施，进行流水施工。

选择施工方法和施工机械的主要依据：建筑结构特点、质量要求、工期长短、资源供应条件、现场施工条件、施工单位的技术装备水平和管理水平等。

选择施工方法和施工机械的基本要求：应考虑主要分部分项工程的要求；应符合施工组织总设计的要求；应满足施工技术的要求；应考虑工厂化、机械化的要求；应符合先进、合理、可行、经济的要求；应满足工期、质量、成本和安全的要求。

4. 施工方案制订的重点内容

深基础——土壁维护、地下水排放、土方开挖、基坑周围变形控制以及建筑物地下空间的开发和利用;大跨度——网架、薄壳、悬索、斜拉等特殊结构,新颖、轻质材料的施工工艺;高耸——高耸结构安装、模板、脚手架、垂直运输系统、施工测量技术、施工误差检测、大型结构件的提升等;现代化机电设备系统——现代信息技术。

5. 施工方案制订过程及步骤

施工方案的制订过程:①项目建设的前期已开始编制施工方案;项目策划及可行性研究时已考虑施工方案、施工技术的可行性和经济的合理性。②施工单位投标前编制施工方案,中标后继续深化。技术标的关键技术部分和核心部分,显示企业的技术能力,目的在于中标。待中标后,继续深化和完善。制订过程如图 2.17 所示。

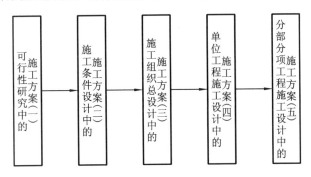

图 2.17 施工方案的制订过程

施工方案的制订步骤:①熟悉工程文件和资料。②划分施工过程。③计算工程量。计算工程量应结合施工方案按工程量计算规则来进行。④确定施工顺序和流向。⑤选择施工方法和施工机械。首先选择主导工程的机械,然后配备辅助机械,最后确定专用工具设备。⑥确定关键技术路线。关键技术路线是指在大型、复杂工程中对工程质量、工期、成本影响较大,且施工难度又大的分部分项工程中所采用的施工技术的方向和途径,它包括施工所采取的技术指导思想、综合的系统施工方法以及重要的技术措施等。

关键技术路线的确定是对工程环境和条件及各种技术选择的综合分析的结果。例如,深基坑的开挖及支护体系,高耸结构混凝土的输送及浇捣,高耸结构垂直运输,结构平面复杂的模板体系,大型复杂钢结构吊装,高层建筑的测量,机电设备的安装和装修的交叉施工安排等。

例如:某大型机场航站楼连续三跨大跨度屋架钢结构吊装,采用"屋架节间地面拼装,柱梁屋盖跨端组合,区段整体纵向移位"的施工关键技术路线。

二、施工技术方案的选择

1. 基坑施工方案的选择

1)降水施工方案的选择

土方工程中的降水施工方法:①集水井降水法。②井点降水法:轻型井点、喷射井点、射流泵井点、电渗井点、管井井点和深井泵法。

2)基坑土方开挖方案的选择

(1)边坡稳定施工方案的选择:①放坡开挖;②支护结构。

（2）土方开挖施工方案的选择：开挖方式有人工开挖和机械化开挖。施工机械有推土机、反铲挖土机、拉铲挖土机、抓斗（铲）、运土汽车等。开挖的方法有整体大面积开挖和分层、分块流水开挖等。

3）基坑支护施工方案的选择

常用的支护结构有钢板桩、钢筋混凝土板桩、钻孔灌注桩挡墙、H型钢支柱（或钢筋混凝土桩支柱）木挡板支护墙、地下连续墙、深层搅拌水泥土桩挡墙、旋喷桩帷幕墙、SMW工法、土层锚杆、人工挖孔桩和预制打入混凝土桩等。

2. 基础施工方案的选择

1）桩基础施工方案的选择

高层建筑大多采用桩基、箱基或者桩基加箱基。按桩的受力情况分为端承桩和摩擦桩；按桩的施工方法分为预制桩和灌注桩。

预制桩的施工方案主要是考虑土质、桩的类型、桩长和重量、布桩密度、打桩的顺序、现场施工条件、对周围环境的影响等因素。

打桩的控制主要有两种：一是以贯入度控制为主，桩尖进入持力层或桩尖标高作参考；二是以桩尖设计标高控制为主，贯入度作参考。

打桩的顺序如图2.18所示。

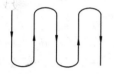
(a) 由一侧向单一方向逐排打设

(b) 自中间向两个方向对称打设

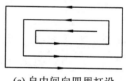
(c) 自中间向四周打设

图 2.18 基础施工打桩的顺序

2）大体积混凝土结构施工方案的选择

工业建筑选择设备基础，高层建筑选择厚大的桩基承台或基础底板等。

裂缝主要原因：水泥水化过程中释放的水化热引起的温度变化和混凝土收缩产生的温度应力和收缩应力。

选择施工方案时，主要考虑三个方面：一是应采取防止产生温度裂缝的措施；二是合理的浇筑方案；三是施工过程中的温度监测。

根据结构大小、混凝土供应等实际情况，施工方案一般有全面分层、分段分层和斜面分层浇筑等方案。

3. 混凝土运输方案的选择

混凝土运输分为地面运输、垂直运输和楼面运输。

（1）混凝土地面运输：商品混凝土——混凝土搅拌运输车；工地搅拌站——小型机动翻斗车（载重约1 t）；近距离：双轮手推车，带式运输机和窄轨翻斗车。

（2）混凝土垂直运输：塔式起重机、混凝土泵、快速提升斗和井架。

（3）混凝土楼面运输：以双轮手推车为主，亦用小型机动翻斗车；如用混凝土泵则用布料机布料。

选择混凝土运输方案的三个决定因素：①不产生离析现象；②保证浇筑时规定的坍落度；③浇筑和捣实有充分的时间（在混凝土初凝前）。

4. 垂直运输机械的选择

1）垂直运输体系的选择

垂直运输体系一般有以下组合：塔式起重机＋施工电梯；塔式起重机＋混凝土泵＋施工电梯；塔式起重机＋快速提升机（或井架起重机）＋施工电梯；井架起重机＋施工电梯；井架起重机＋快速提升机＋施工电梯。

在结构、装修、设备安装施工进行平行交叉作业时，人货运输最为繁忙，应设法疏导人货流量，解决高峰运输矛盾。

2）塔式起重机的选择

（1）选定塔式起重机的形式。按照行走结构分为固定式、轨道式、轮胎式、履带式、爬升式（内爬式）和附着式（高层建筑施工）。

（2）计算塔式起重机幅度和吊钩高度。根据建筑物的体形、平面尺寸、标准层面积和塔式起重机的布置情况，计算塔式起重机幅度和吊钩高度。

（3）确定塔式起重机的起重量和起重力矩。

（4）确定塔式起重机的型号。参照技术性能参数，进行技术经济分析，选择最佳方案。

（5）计算塔式起重机的数量并确定其具体的布置。根据施工进度计划、流水段划分和工程量、吊次的估算计算数量，并确定具体位置。另外，还受其他因素影响，如：附着式塔式起重机塔身锚固点；内爬式塔式起重机支撑结构是否满足受力要求；多台塔式起重机同时作业时，要处理好高度差，以防止发生碰撞；塔式起重机安装时，顶升、接高、锚固。完工后，落塔、拆卸和塔身节的运输等。

5. 脚手架的选择

由于脚手架用量大，对人员安全、施工质量、施工速度和工程成本都有重大影响，需要通过专门的计算和设计，绘制脚手架施工图。

高层建筑施工常用的脚手架有：扣件式钢管脚手架、门型组合式脚手架、外挂脚手架等。

常用方案：裙房低于30～50 m的部分采用落地式单排或双排脚手架；高于30～50 m的部分采用外挂脚手架，主要形式有支承于三角托架上的外挂脚手架、附壁套管式外挂脚手架、附壁轨道式外挂脚手架、整体提升式脚手架等。

三、施工组织方案的确定

施工组织方案的确定主要研究施工区段的划分、施工程序的确定和施工流向的确定等问题。

1. 施工区段的划分

（1）大型工业项目施工区段的划分。按照产品的生产工艺过程划分施工区段，一般有生产系统、辅助系统和附属生产系统。

例2.5 某热电厂工程由16个建筑物和16个构筑物组成，分为热电站和碱回收两组建筑物和构筑物。现根据其生产工艺系统的要求，分为以下四个施工区段。

第一：汽轮机房、主控楼和化学处理车间等；

第二:储存罐、沉淀池、栈桥、空气压缩机房、碎煤机室等;
第三:黑液提取工段、蒸发工段、仪器维修车间等;
第四:燃烧工段、苛化工段、泵房及烟囱等附属工程。

例 2.6 多跨单层装配式工业厂房,其生产工艺的顺序如图 2.19 上罗马数字所示。

(2) 大型公共项目施工区段的划分。大型公共项目按照其功能设施和使用要求来划分施工区段。

例 2.7 某铁路新客站共有 8 个项目,分两期施工,第一期南车站 5 个项目,即 1~5 部分;第二期北车站 3 个项目,即 6、7、8 部分。为了保证老客站正常使用,采用南北场错开施工,先造南车站,17 个月后再南北翻场,动工建造北车站。某铁路新客站平面图如图 2.20 所示。

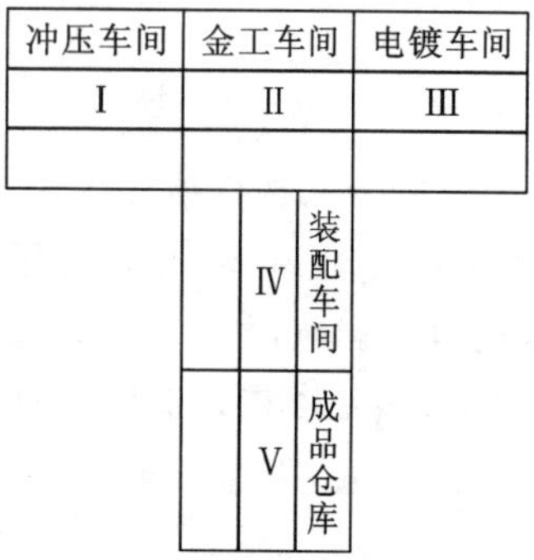

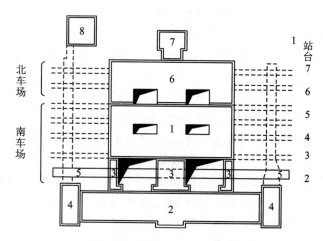

图 2.19 多跨单层装配式厂房生产工艺顺序

图 2.20 某铁路新客站平面图

南车站为 5 个施工区段(①~⑤),北车场分为 3 个施工段(⑥~⑧),其编号为:①2 号~5 号站台;②南进厅;③F、G、H 长廊;④东西出口厅;⑤1 号站台;⑥6 号~7 号站台;⑦北进厅;⑧北出口厅。

将各施工区段划分成若干个流水施工段。例如,将 2~5 号站台划分成 12 个流水施工段,如图 2.21 所示。

(3) 民用住宅及商业办公建筑施工区段的划分。民用住宅及商业办公建筑可按照其现场条件、建筑特点、交付时间及配套设施等情况划分施工区段。

例 2.8 某工程为高层公寓小区,由 9 栋高层公寓和地下车库、热力变电站、餐厅、幼儿园、物业管理楼、垃圾站等服务用房组成,如图 2.22 所示。按合同要求 9 栋公寓分三期交付使用,即每年竣工 3 栋楼。

一期车库从 5 号车库开始(为 3 号楼开工创造条件),分别向 7 号及 1 号车库方向流水;二期车库从 8 号向 11 号方向流水。

第一期高层公寓为 3、4、5 号楼;第二期高层公寓为 6、1、2 号楼;第三期高层公寓为 9、8、7 号楼。

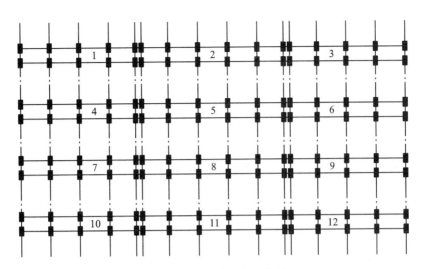

图 2.21 流水施工段示意图

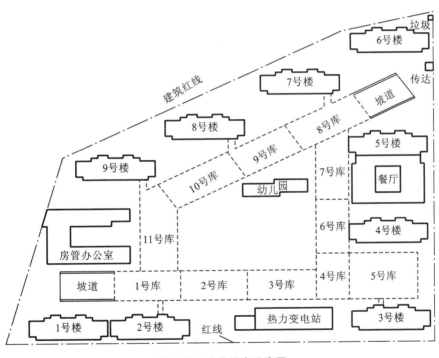

图 2.22 建筑用房示意图

2. 施工程序的确定

施工程序可以指施工项目内部各施工区段的相互关系和先后次序,也可以指一个单位工程内部各施工工序之间相互联系和先后顺序。有技术和工艺方面的要求,也有组织安排和资源调配方面的考虑。

施工程序的确定原则:①施工工艺要求;②施工方法和施工机械的要求;③施工组织的要求;④施工质量的要求;⑤当地的气候条件。

施工程序一般分为地下工程、主体结构工程、装饰与屋面工程三个阶段。

(1) 地下工程。指室内地坪(±0.000)以下所有的工程。

浅基础的施工顺序为：清除地下障碍物→软弱地基处理(需要时)→挖土→垫层→砌筑(或浅筑)基础→回填土。

基础的施工顺序为：打桩(或灌注桩)→挖土→垫层→承台→回填土。

(2) 主体结构。常用的结构形式有混合结构、装配式钢筋混凝土结构(单层厂房居多)、现浇钢筋混凝土结构(框架、剪力墙、筒体)等。

① 混合结构：主导工程是砌墙和安装楼板。

混合结构标准层的施工顺序为：弹线→砌筑墙体→浇过梁、圈梁及抗震柱→板底找平→安装楼板(浇筑楼板)。

② 装配式结构：主导工程是结构安装。

如单层厂房的柱和屋架一般在现场预制，预制构件达到设计要求的强度后可进行吊装。施工顺序为：吊装柱→现浇基础梁、连系梁、吊车梁等；扶直屋架→吊装屋架、天窗架、屋面板；支撑系统穿插在其中进行。

③ 现浇框架、剪力墙、筒体等结构：主要工程均是现浇钢筋混凝土。

标准层的施工顺序为：弹线→绑扎墙体钢筋→支墙体模板→浇筑墙体混凝土→拆除墙模→搭设楼面模板→绑扎楼面钢筋→浇筑楼面混凝土。

柱、墙的钢筋绑扎在支模之前完成，而楼面的钢筋绑扎则在支模之后进行。此外，施工中应考虑技术间歇。

(3) 一般的装饰及屋面工程。包括抹灰、勾缝、饰面、喷浆、门窗扇安装、吊顶、玻璃安装、油漆、屋面找平、屋面防水层等，其中抹灰和屋面防水层是主导工程。装饰工程没有严格一定的顺序，同一楼层内的施工顺序一般为：地面→天棚→墙面，也可采用天棚→墙面→地面的顺序。内外装饰施工同时进行。

3. 施工流向的确定

施工流向是指单位工程在平面上或竖向上开始施工的部位及展示方向。对单层建筑物，只要按其区段或跨间分区分段地确定在平面上的施工流向；对多层建筑物，除了应确定每层平面上的施工流向外，还需确定其层或单元在竖向上的施工流向。不同的施工流向可产生不同的质量、进度和成本效果，其确定牵涉一系列施工过程的开展和进程，是组织施工很重要的一环，为此在确定时应考虑以下几个因素：①生产性工程的生产工艺过程往往是确定施工流向的关键因素，所以影响其他工段试车投产的工段应先施工。②建设单位对生产或使用要求在先的部位应先施工。③技术复杂、工期较长的部位应先施工。④当有高低层或高低跨并列时，应先从并列处开始；当基础埋深不同时应先深后浅。⑤工程现场条件和施工方案。施工场地的大小，道路布置和施工方案中采用的施工方法和机械是确定施工起点和流向的主要因素。如土方工程边开挖边余土外运，则施工起点应确定在离道路远的部位和由远及近的进展方向。⑥分部分项工程的特点及其相互关系。如室内装修工程除平面上的起点和流向以外，在竖向上还要决定其流向，而竖向的流向确定更显得重要。密切相关的分部分项工程的流水，如果前导施工过程的起点流向确定，则后续施工过程也便随其而定了。如单层工业厂房的挖土工程的起点流向决定柱基础施工过程和某些预制、吊装施工过程的起点流向。

四、各分部分项工程施工方案

（一）总体施工方案

本工程施工顺序遵守先地下后地上、先土建后安装、先主体后装修的一般施工方法组织施工。

（二）施工流向

本工程施工流向：定位放线→桩间土方→垫层→基础施工→土方回填→主体结构→屋面→室外装饰→室内装修→楼地面→竣工验收。

（三）现场垂直、水平运输机械的选用方案

基础、主体阶段选用 QT315 塔式起重机 8 台，详见施工平面布置图。可覆盖整个建筑物，能够满足现场模板、钢筋、钢管上料及混凝土垂直运输要求。装饰阶段选用井架式物料提升机 1 台，设置在建筑物两端。

（四）基础、主体阶段的施工方案

基础、主体阶段选用 QT315 塔式起重机 2 台，设置在工程南侧两端，合理布置起重塔吊，减少运输费用和场内二次搬运。

考虑其均布平衡和施工方便，砂浆搅拌机、砂石堆放场地集中布设在两台塔式起重机中间位置，木工场地设置在西侧塔吊以西，钢筋场地布设在工程西北角处，布置紧凑合理。

（五）外墙脚手架及模板的支拆方案

选择确定适合的外墙脚手架及模板的支拆方案。

（六）施工段的划分

施工段划分按工程检查验收划分，具体按如下划分：

(1) 基础按一个检验批验收。

(2) 主体划分为两个施工段，以加强带为界，加强带东为一个施工段，加强带西为一个施工段，各专业、各工序在两个施工段上组织交叉流水施工。每一个施工段为一个检验批。

(3) 装饰及安装阶段各专业在各楼层组织平行施工，同楼层组织流水施工。以加强带为界，每一层划分为两个检验批。

(4) 每一个屋面工程以加强带为界划分为两个检验批。

（七）主要施工方法

1. 施工测量

1) 测量工具配备

投入一个测量组 3 人，配备一台 TDJ2 经纬仪，一部水准仪，仪器和主要工具需经政府主管部门批准和计量检测单位校核合格。

2) 控制点设置和校核

根据现场坐标点,建立与建筑物轴线方向一致的现场施工坐标网络。在现场通视条件较好,易于保护的位置引测 8~12 个控制点,并用混凝土固定。

根据业主提供的现场水准点和现场实际情况,采用精密水准仪进行数次往返闭合,设置 3 个以上施工用水准点,所有桩点每隔 30 天复核校准一次。

3) 建筑物定位放线

根据已设置的规划部门或业主提供的坐标桩及总平面图施测,进行建筑物定位,复测无误后,申请有关部门验线。

4) 施工平面测量

采用垂准测量方法,用经纬仪,经过测角和量距定出纵横轴线,进行往返测量。

5) 施工垂直及高程测量

垂直控制可采用线锥吊坠法并结合经纬仪方法。在结构层引测标高时,要使用水准仪引测,并往返测量与基准点校核。

2. 土方工程

(1) 挖土方案。本工程基础为超流态灌注桩,桩上砖砌体基础。现场采挖应采用机械开挖。

(2) 土方施工应注意的几点:基坑边 1.5 m 范围内严禁堆放重物,防止塌方事故发生。

(3) 土方回填。地下基础工程防潮完工后,将木块、碎砖、松散土等均清理干净,积水抽干。经监理验收完毕,符合要求后,采用机械回填。

材料要求:粉质黏土。土料用过筛,其粒径不应大于 50 mm,灰土回填素土粒径不大于 15 mm,灰土粒径不大于 5 mm。

机械设备:蛙式打夯机,手推车。

分层厚度:分层厚度不大于 250 mm。作好标高及分层厚度的控制,在基坑的边坡上及防水保护层上做好水平分层厚度控制点,在室内外边墙上弹上水平线。

含水率控制:现场将黏土以手握成团,两指捏碎为宜,如含水分过多或过少时,应稍微晾干或洒水湿润,如有球团应打碎,要求随拌随用。

分层厚度及夯实遍数:铺土应分段分层夯实,每层虚铺土厚度为 250 mm,夯打次数不少于 4 遍。

接缝控制:土方回填土分段施工时,不得在墙角及窗间墙下接缝,上下两层的接缝间距不得小于 500 mm,接缝处应夯压密实,并留为直搓。室外回填时,注意接缝质量,每层虚土应在留缝处往前延伸 500 mm,夯实时应夯过接缝 300 mm 以上,接缝时用铁锹在留缝处垂直切齐,再铺下层夯实。

打夯工艺:打夯要按一定方向进行,一夯压半夯,夯夯相接,行行相连,两遍纵横交叉,分层夯打。打夯路线应由四边开始,然后再夯向中间,室外回填土应在相对两侧或四周同时同步进行回填与夯实。

回填土应每填完一层,按要求及时取土样实验。土样组数、实验数据等应符合规范规定。

3. 基础工程

1）概况

本工程基础为超流态灌注桩,桩上为砖砌体基础。

2）基础施工顺序

定位放线→桩间土方开挖→凿桩头→混凝土垫层→浇筑桩承台→砖砌体砌筑→基础圈梁浇筑→回填土方。

3）基础钢筋工程

钢筋采用集中制作,现场绑扎,钢筋连接小于 φ16 mm 的钢筋采取搭接方式,大于 φ16 mm 的采取闪光对焊连接方式,所有接头质量均符合规范要求并且按规定抽样化验。

4）基础模板工程

基础模板采用竹胶板,现场拼装,支撑 φ48 mm 钢管脚手架。

5）基础圈梁浇筑

混凝土采用现场搅拌混凝土。

混凝土配合比及原材料要求:垫层混凝土为 C10,基础梁混凝土为 C30,水泥为 32.5 级,砂采用中砂,碎石采用 10～30 mm 粒径。所有原材料必须经化验后方可使用。

4. 主体工程

主体结构工程施工流程:抄平放线→构造柱钢筋绑扎→砖砌体砌筑→构造柱模板安装→构造柱混凝土浇筑→圈梁钢筋绑扎→圈梁侧模板、现浇楼板模板安装→现浇板钢筋绑扎→梁板混凝土浇筑→混凝土养护→拆模。

1）楼层标高及轴线测量

轴线控制:基础结构完成后,在砖混基础面上弹出轴线并沿该轴线一直向上引。施工主体结构时,先在轴线控制点支设经纬仪,根据原先引出的两个控制点水平转动 90°找出轴线,并用左右镜取均值消除误差,比较基础引上来的轴线,若不符合,应查明原因。然后在已施工的楼面上弹出轴线并画出柱边线和墙中心线。砌筑支模板时用线坠控制垂直。

楼层标高控制:楼层标高应根据半永久性水准点引出的控制点进行抄测,以防误差积累。在控制点支设水准仪,利用大钢尺将标高引至施工层并画在构造柱钢筋上。混凝土浇筑完成后再抄测一次,并将标高线弹在墙上(一般弹结构标高＋500 mm 线)。支现浇楼板模板时用米尺控制标高。

楼层标高及轴线控制应填写记录。

2）砌体工程

砌筑材料:本工程主要墙体为煤矸石砖,砖进场前,应具有出厂合格证,经复试合格后方能使用。混合砂浆所用的水泥、砂、石灰膏应符合设计或施工规范的质量要求,混合砂浆的配合比应按有资质的试验室提交的配合比严格拌制。

排列方法和要求:煤矸石砖排列时,必须根据设计图和砖的尺寸、灰缝的宽度和厚度等计算砌块的皮数和排数,确保计算出砌体的尺寸。

外墙转角处和纵横墙交接处的煤矸石砖应分皮咬槎、交错搭砌。煤矸石砖的上皮应相互错缝搭砌,搭接长度不宜小于砖长度的三分之一。凡需要固定的门窗或其他构件,以及搁置过梁的部位,不得使用半砖砌筑。

施工方法及要点:

(1) 砖应提前1~2天浇水湿润,但含水率不应超过15%。砌筑前,将砌筑部位清理干净,放出墙身中心线及边线,浇水湿润。

(2) 在砖墙的转角处及交接处立起皮数杆(皮数杆间距不超过15 m,过长应在中间设立),在皮数杆之间拉准线,依准线逐皮砌筑,其中第一皮砖按墙身边线砌筑。

(3) 砖墙砌筑采用"一顺一丁"砌筑法,对每层砖的砌筑操作方法可采用铺浆法。采用铺浆法砌筑时,铺浆长度不得超过750 mm,如气温超过30 ℃时,铺浆长度不得超过500 mm。

(4) 砌墙水平灰缝和竖向灰缝的宽度宜为10 mm,但不得小于8 mm,也不应大于12 mm。水平灰缝的砂浆饱满度不得小于80%;竖缝宜采用挤浆或加浆的方法,不得出现透明缝。

(5) 所有砖砌体有构造柱都必须留设马牙,以"先退后进"的原则留设,错槎必须满足60 mm。

(6) 砖墙的十字交接处及交接处立起皮数杆应隔皮给横墙砌通,交接处内角的归并缝应相互错开1砖长。

(7) 砖墙的转角处和交接处应同时砌起,对不能同时砌起而必须留槎时,应砌成斜槎,斜长度不应小于斜槎高度的2/3。如留斜槎确有困难,除转角处外,均留直槎,但直槎必须做成凸槎,并加设拉结钢筋,拉结钢筋的数量2根,直径6 mm,间距沿墙高不得超过500 mm,埋入长度从墙的留槎处算起,每每均不小于500 mm,钢筋末端应有90度弯钩。

(8) 砖墙中临时留置施工洞口时,其侧边离交接处的墙面不应小于500 mm。洞口顶部应设置过梁,也可在洞口上部采取逐层挑砖办法封口,并预埋水平拉结筋,洞口净宽不应超过1 m。临时洞口外砌时,洞口砌块表面应清理干净,并浇水湿润,再用与原墙相同的材料补砌严密。

(9) 墙中的洞口、管道、沟槽和预埋件等应于砌筑时正确留出,预埋宽度超过300 mm的洞口应砌筑平拱或设置过梁。

3) 钢筋工程

钢筋制作:先按设计和施工规范要求确定绑扎和焊接接头位置。本工程按构造柱采用绑扎,接头在每层楼板上500 mm处;圈梁按图纸要求搭接,搭接长度648 mm;编制配料单,由技术负责人加以审核,然后交由施工人员统一下料、按单制作。采取现场加工,钢筋加工的规格、长度、弯折点位置角度及半径均需检查。

钢筋搭接:钢筋采用搭接必须满足设计要求及规范规定。

钢筋垂直运输:钢筋加工完成后,先放在半成品堆放场,吊装时用铁扁担运至绑扎地点。

钢筋绑扎就位:梁、柱每交叉点绑扎,板、墙筋在其靠边的两排筋和底筋每交叉点绑扎,其余部分花绑。板上部负筋采用钢筋马凳支垫,马凳底部刷防锈漆。钢筋保护层采用预制水泥砂浆垫块衬垫,梁保护厚度30 mm。构造柱保护层厚度30 mm,采用塑料垫块。板保护层厚度20 mm,采用砂浆垫块。

4) 模板工程

本工程主体采用多层板支模、钢木组合支撑。

(1)模板设计,是指计算模板及其支架荷载标准值及分项系数。

计算模板及其支架时的荷载标准值:模板及支架自重标准值取 0.75 kN/m²;倾倒混凝土时产生的荷载标准值取 6.0 kN/m²。计算模板及其支架时的荷载分项系数,按《混凝土结构工程施工及验收规范》附表 1.3 采用。

模板计算荷载:板计算小楞时取 8.02 kN/m²,计算托方或横托时取 6.62 kN/m²,计算支撑时取 5.92 kN/m²。

模板设计计算简图如图 2.23 所示,计算小楞和托方(或横托)时简化为三跨铰支连续梁均布荷载,利用支座反力计算支撑。

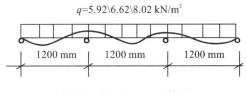

图 2.23 小楞(大楞)计算简图

(2)模板安装。梁板模板的支撑系统采用满堂脚手架,板底立杆间距 1200 mm,横杆间距 1400 mm,间隔设置扫地杆,模板在满堂脚手架上铺 60 mm×100 mm 方木,间距 1000 mm,上铺多层板,按 3‰ 起拱。上述设计计算满足规范要求。

楼梯模板:采用多层板作为楼梯的底模,5 cm 的木模板作为侧模。

(3)模板拆模,包括强度控制、管理控制、拆模控制。

强度控制:现场留置同条件试块,要求同条件试块按时间试压,根据同条件试块的试压情况来判断是否可以拆模。

管理控制:制定拆模申请制度,拆模应由专人负责。

拆模标准:构造柱拆模时要保证其表面及棱角不被损坏方可拆除,混凝土强度应达到 1.2 MPa,不得提前松动。拆模严禁早拆和迟拆,拆模时,不得使用大锤。楼板模板应在混凝土强度达到表 2.4 所规定强度时拆模。

表 2.4 楼板模板拆模时的强度标准

项 次	结构跨度/m	按设计强度取率/(%)
板	$L \leq 2$	50
	$2 \leq L \leq 8$	75
悬梁	$L > 2$	100
	$L \leq 2$	75

注:表中所指混凝土强度应根据同条件养护试块确定。

(4)模板施工要点。顶板模板应弹顶板板底的模板边线,楼层建筑 50 cm 控制线。构造柱应弹轴线和控制线,以便检查施工质量情况。顶板支模在跨度大于 4 m 时应起拱,按 3‰ 起拱,但板的四边严禁起拱,必须在同一标高。顶板支模保证刚度,支架的间距、方木的间距严格按要求施工。方木必须两面刨平使用,四边阳角处必须严密,标高一致。支架立杆下方应垫架板,立杆不得直接落在混凝土面上。顶板模板应编号,周转重复使用。现浇板模板应使用水质脱模剂。

加强带处理:

① 加强带位置符合要求,加强带所在墙段内设拉接筋,间距为 250 mm 且贯通,加强带采用 C25 混凝土,内掺微膨胀剂。

② 五层板顶东西方向未配筋表面配置温度抗裂钢筋。

③ 在施工过程中,切实加强混凝土的养护工作,以减少收缩变形。

5) 混凝土工程

混凝土浇筑采用现场搅拌混凝土,吊车垂直运输,柱采用插入式振捣器,板采用平板式振捣器振捣。板浇筑时应敷设架板,架板用专门铁马凳支撑。

基础、承台梁±0.00 以下构造柱混凝土等级 C30,淋浴间、盥洗间、卫生间混凝土强度等级均为 C25,其余未注明的混凝土强度等级为 C20。水泥 32.5 MPa,砂采用中砂,石子粒径为 10~30 mm。所有原材料必须经化验后方可使用。

混凝土的浇筑:柱浇筑应分层均匀下料振捣,浇筑前在底部填一层 50 mm 厚与混凝土成分相同标号的砂浆,浇筑过程中随时校正钢筋保护层厚度。梁浇筑应采用线性均匀振捣,间距不超过 30 cm。板浇筑前先在柱钢筋上抄好标高,浇筑过程中按标高控制板的厚度。为保证板上层筋的位置,用铁马凳支撑。振捣完毕,应抹平拍实压光。

混凝土的养护:柱拆模后用塑料布包裹养护,楼板要保证在浇筑后 7 昼夜内处于足够的湿润状态。

试块留置原则:每一施工段的每一施工层,按构件形式、施工情况、不同标号的混凝土每 100 m³ 取样不得少于一组试块,并根据实际需要留置适量同条件试块。施工时将编制实验规划。

5. 脚手架工程

1) 方案选择

本工程脚手架材料采用 φ48 mm 钢管和配套扣件,混凝土楼板模板施工为满堂钢管脚手架支撑。

满堂脚手架设计:满堂脚手架按间距 1200 mm×1200 mm 设计。

满堂脚手架验算:满堂脚手架设计荷载按梁、板计算简图支座反力计算,按三跨铰支连续梁集中荷载计算。内外墙砌筑和抹灰喷涂,采用双排钢管落地脚手架。其他主脚手架另行确定。

2) 双排钢管落地脚手架方案

(1) 编制依据:《建筑施工安全检查评分标准》(JGJ 59—2011)、《建筑施工扣件式钢管脚手架安全技术规范》(JGJ 130—2011,J84—2011);《山东省建筑施工现场安全技术资料管理规定》及其讲义。

(2) 构造设计:根据建筑施工扣件式钢管脚手架安全技术规范构造规定,经计算(计算书附后)本工程采用双排扣件式钢管脚手架,立杆间距 1.5 m,步距 1.55 m,两排横距 1.05 m,内排立杆距外墙外侧 0.45 m。

(3) 构造要求及搭设方案:①立杆基础。地基分层夯实、夯平,并做 100 mm 厚 C20 混凝土垫层,表面抹平,横向排水坡度5‰。垫板采用厚5 cm、宽20 cm、长4 m的落叶松木板,长边与外轴线平行。钢底座采用15 cm×15 cm×0.8 cm厚钢板制作。②纵向扫地杆采用直角扣件固定在距底座上皮200 mm处的立杆上,横向扫地杆采用直角扣件固定在紧靠纵向扫地杆下方的立杆上。

(4)杆件间距与构造:本工程立杆间距为1.5 m,具体布置见落地脚手架平面布置图,大横杆间距1.55 m,设置在立杆内侧,小横杆设置在立杆与大横杆交叉点处的大横杆上,立杆与大横杆、大横杆与小横杆均用直角扣件扣紧,两扣件间距不大于150 mm,小横杆靠墙一端的外伸长度为350 mm(挑出端头至立杆中心),即小横杆端头距墙外侧100 mm。

剪刀撑设置在脚手架外侧整个长度和高度上,并连续设置,剪刀撑的宽度为5跨,倾角45°~60°,剪刀撑横向斜撑应随立杆纵向和横向水平杆等同步搭设,各底层斜杆下端均必须支撑垫块或垫板。

横向斜撑设置在拐角处,中间每隔6跨设一道,并在高度上连续设置。

(5)架体与建筑物拉接:连墙件竖向间距采用两步架间距,水平间距采用3La(3个立杆纵距)。连墙件从第一步架即第一根纵向水平杆处开始设置,一直到封顶拉接杆。采用矩形布置,用双杆拉接,一端与柱包紧,一端用扣件与大横杆拉接扣紧。

(6)杆接头与扣件:立杆、大横杆均为对接,对接接头采用对接扣件连接,剪刀撑搭接,搭接长度1000~1100 mm,用三个卡扣,间距400 mm,端头伸出扣件100~150 mm,小横杆、横向扫地杆均不得有接头。

立杆上的对接扣件应交错布置,两根相邻立杆的接头不得设置在同步内,同步内隔一根立杆的两个相隔接头在高度方向错开的距离不宜小于500 mm,各接头中心至主接点的距离不宜大于步距的1/3(500 mm)。

(7)纵向水平杆:两相邻纵向水平杆的接头不宜设置在同步或同跨内,不同步不同跨两个相邻接头在水平方向错开的距离不应小于500 mm,各接点中心到最近主接点的距离不宜大于纵距的1/3(500 mm)。

(8)扣件:在主接点处固定横向水平杆、纵向水平杆、剪刀撑横向斜撑等用的直角扣件、旋转扣件的中心点的相互距离不得大于150 mm,对接扣件开口应朝上或朝内,各杆件端头伸出扣件盖板边缘的长度不得小于100 mm,且统一。

(9)脚手板与栏杆防护:施工层必须满铺脚手板,并铺稳,离开墙表面120~150 mm。

脚手板可对接,可搭接。对接时板头距小横杆为130~150 mm,两横杆间距小于300 mm且大于200 mm。脚手板搭接时,板头距小横杆不小于100 mm且不大于200 mm。

操作层小横杆的间距为750 mm。在操作层以上立杆内侧1.2 m、0.6 m处各设一道栏杆且用直角扣件与立杆扣紧,并设一道180 mm高的挡脚板。脚手板探头用直径3.2 mm钢丝(镀锌)固定在支撑杆件上。

(10)架体封闭:本工程在距立杆基础3.2 m处即第2步大横杆上挂设首层平网一道,从首层平网起每隔6步架设一道平网共9道,操作层下设一道随层平网,且均应封闭严密,距墙小于10 cm。在外立杆内侧挂设密目式安全网,高出操作层1.2 m,且用5 mm尼龙绳全眼固定。

(11)斜道:本工程设上人坡道,宽度1 m,坡度1∶3,拐弯处平台宽度1.5 m。脚手板顺铺,接头采用搭接,下面的板头压住上面的板头,板头的凸棱处用三角木填顺。人行斜道的脚手板上每隔 300 mm 设置一根防滑木条,木条厚度为 20~30 mm。斜道两侧及平台外围均设置高度为 1.2 m 的栏杆和高度为 18 cm 的挡脚板。斜道必须与建筑物拉接,拉接点设在斜道两侧,平台外围、端部每两步拉接一道。

(12) 门洞搭设:本工程通道口均为人行通道口,宽度均小于 1.5 m,可利用两根立杆之间宽度将每楼层地面高度以上 2 m 内的大横杆断开后上移或下移至其所在两步架内,并与门口两侧立杆卡紧。

上料平台处采用预留,将门洞处用横杆搭接,平台两侧立杆均与建筑物拉紧,门洞高度范围以外大横杆仍按本设计方案其他条款操作。

(13) 拆除方案:架子拆除时根据实际情况划分作业区,周围设绳绑围栏,地面设专人指挥,禁止非作业人员入内。架子工应戴安全帽,系安全带,扎裹腿,穿软底鞋。拆除前必须经项目部技术负责人或专职安全员批准。

拆除顺序应遵守由上而下,先搭后拆,后搭先拆的原则,即先拆栏杆、脚手板、剪刀撑、斜撑,而后拆小横杆、大横杆、立杆等,并按一步一清的原则,依次进行,严禁上下同时进行拆除作业。连墙杆应随拆除进度逐层拆除。

拆除时应统一指挥,上下呼应,动作协调,当解开与另一个人有关的结扣时,应先通知对方,以防坠落。严禁撞碰电源线,注意成品保护,严禁抛掷。拆下的材料应随拆随运,分类堆放,当天拆当天清。拆除过程中不得中途换人,必须换人时,应交待清楚。

6. 屋面工程

(1) 保温层:坡度控制以砂浆固定木或钢标筋,铺好后取出。铺保温层基层应平整、干净、干燥,保温层边铺边拍,保证密实,严格控制含水率,找坡层和保温层施工中应留置出气孔以保证屋面质量。

(2) 找平层:水泥砂浆找平压光,黏结无松动,无空鼓、凹坑、起渣掉灰现象,平整光滑,均匀一致;基层与突出屋面的结构相连接的阴角,抹成平整光滑的圆角;基层与檐口、排水口等的连接转角,抹成光滑的圆弧形,基层含水率小于 9%。

(3) 黏结层:严格配比,搅拌均匀,控制温度;黏结层要求涂布均匀,配合防水层的施工进度进行。施工按产品使用要求和有关规范进行。

7. 装饰工程

1) 墙面工程

(1) 材料要求。

① 水泥:32.5 级普通硅酸水泥。

② 砂:中砂,使用前用 5 mm 孔径的筛子过滤。

③ 石灰膏:应用块状生石灰淋制,淋制时必须用孔径不大于 3 mm 的筛过滤,储存在沉淀池中。在常温下熟化时间一般不少于 15 天;用罩面时,熟化时间不应小于 30 天。使用时,石膏内不得含有未熟化的颗粒和其他杂质。

④ 磨细生石灰:其细度超过 0.125 mm 孔径的筛子,累计筛余量不大于 13%,用前应用水浸泡,使其充分熟化,其熟化时间为 7 天以上。

(2) 施工方法和要点。抹灰前应将门窗洞口与主墙交接处用水泥砂浆或水泥混合砂浆

(加少量麻刀)嵌填密实。墙面的脚手架孔洞应填塞严密,管道通过的墙洞以及凿剔墙后安装的管道必须用1∶3水泥砂浆堵严。不同基层材料(如砖与混凝土结构)相接处应敷设金属网,搭缝长度从缝边起每边不得小于10 cm。

抹灰前应找好规距,即四角规方、横线找平、立线吊直、弱出准线和墙裙。抹底灰、中层灰、罩面灰均严格按操作规程施工。墙面阳角抹灰时,先将靠尺在墙角的一面用线锤找直,然后在墙角的另一面顺靠尺抹上砂浆。室内墙裙一般要比罩面灰墙面凸出2~5 mm,根据高度尺寸弹上线,把八字靠尺靠在线上用铁抹子切齐,修边清理。

外墙抹灰做法与内墙抹灰做法基本相同,但必须注意以下事项:

① 抹灰时应注意养护,夏季应避免在太阳暴晒下施工。

② 尽量做到同一墙面不接槎,必须接槎时,应注意把接槎留在阴阳角或落水管处。为了不显接槎,防止开裂,应按设计尺寸粘贴分格条,做均匀分格处理。

③ 外墙窗台、窗楣、雨篷、阳台、压楠和突出腰线等,上面应做流水坡度,下面应做滴水槽。滴水槽的深度和宽度均不应小于10 mm,并整齐一致。

(3) 质量要求。墙体各抹灰层之间及抹灰层与基体之间必须黏结牢固,无脱层、空鼓、面层无爆灰和裂缝(风裂除外)等缺陷。分格条(缝)的宽度和深度应均匀一致,条(缝)平整光滑。楞角整齐,横平竖直,通顺。

墙体抹灰后的外观质量应达到表面光滑、洁净、颜色均匀、无抹纹,灰线平直方正、清晰美观的质量要求。墙体抹灰质量的容许偏差应符合规范规定。

(4) 外墙抹灰。

① 基层:外墙抹灰前应先进行基层清理,将墙面及混凝土表面清理干净,脚手眼提前用C20混凝土捣实,混凝土涨模过大处凿平。基层清好后用铁丝及线坠在各主要阴阳角处吊线,根据吊线情况确定找平层厚度并做灰饼,灰饼横竖间距1.5 m。

② 找平层:抹灰前应提前浇水湿润墙面,混凝土表面先做毛化处理,然后刷素水泥浆,之后根据灰饼冲筋进行找平层施工。

③ 面层:施工方法同内墙抹灰。

(5) 面砖镶贴。

材料要求:水泥、中砂、面砖必须符合规范规定及有关质量标准。

刮糙层必须是一个既平整又粗糙、墙角方正、线条通顺的糙坯面,具体做法略。按设计要求和面砖规格弹好分格线,面砖的排列力求避免半块。在墙面及转角处每隔2 m左右贴饼标志点(可用面砖角料)以控制面层的平整度、垂直度和黏结层的厚度。面砖粘贴前先将其洗刷干净,放入桶内用清水浸泡2 h以上取出,表面晾干后使用。

面砖粘贴应分段或分块进行,每个分块自下而上粘贴,黏结砂浆宜用1∶1.5或1∶2水泥砂浆。操作时在面砖背面刮满刀灰,砂浆厚度6~8 mm,面砖上墙后,用小木锤轻轻敲打,用直尺调正平整度和垂直度,粘贴面砖应保持面砖上口平直,贴完一皮将砂浆刮平,分缝用小木条,然后再贴第二皮。木条宜次日取出,用水洗净后继续使用。铺贴一定面积后即可勾缝,勾缝用1∶1水泥砂浆,一般为凹缝,凹进面砖表面3 mm,要求抽嵌密实。面砖表面的清洁工作宜在当天随即做好,如完成后还有不洁之处可用5%~10%稀盐酸清洗墙面。

2) 楼地面工程

本工程主要楼地面为彩色釉面砖工程。

(1) 材料要求及铺贴方式:材料应符合规定,水泥砂浆黏结层30 mm,水泥与砂的体积比1∶3。面层敷设前基层清理干净,粗糙、湿润,不得积水。应对砖的规格尺寸、外观质量、色泽等进行预选,并应浸水湿润后晾干待用。面砖应紧密、坚实,砂浆应饱满,并严格控制标高。分尺弹线,规划好整个房间,做好铺贴表面标志。铺贴时对房间进行规方、找平、预铺、预排,确定排列方案。从房间有窗的一面向门口铺贴,要保证缝宽一致,接缝顺直。大面积铺贴应分段按顺序铺贴,拉线镶贴,并做好各道工序的检查和复验工作。面层24 h之内擦缝、色缝和压缝,缝深为砖厚的1∶3,随做随清理水泥,并做好养护和保护。

(2) 基层处理:地面基层应清洁、湿润并不得有积水现象,敷设前应先刷一遍水泥浆,并随刷随铺。

(3) 选砖:在铺贴前,对砖的规格尺寸、外观质量、色泽等进行预选,并预先湿润后晾干待用。铺贴前对房间进行规方、找平、预铺、预排,确定排列方案。

(4) 地砖铺贴:地砖铺贴宜从中间向两边、按定位线的位置铺贴,用1∶1的水泥砂浆在面砖背面满抹灰浆,四角抹成斜面,厚度约为5 mm,注意边角满浆,再将面砖与地面铺贴,并用橡胶锤敲击面砖表面,使其与楼地面压实,并且高度与地面标高线吻合,有坡高要求的地砖铺贴,应找好坡度。

铺贴时水泥砂浆应饱满地抹在瓷砖背面,并用橡胶锤敲实,以防止空鼓现象,并且一边铺贴一边用水平尺检查校正,并即刻擦去表面的水泥浆。铺贴时采用干硬性水泥砂浆,面砖应紧密、坚实,砂浆要饱满,严格控制面层标高,要保证缝宽一致,接缝顺直。

3) 防水工程

(1) 涂膜防水。

基层处理:屋面混凝土板面应清理干净,混凝土板面充分湿润后不可积水,纵横扫水泥浆一遍,并随扫随抹面层砂浆。用水泥砂浆找平层,按设计要求找坡,找平层压实磨光。

涂膜防水层施工:突出屋面、地面的管根、地漏、雨水口、檐口、阴阳角等细部,应在大面积涂刷前,先做一布二油防水附加层,在底胶干燥后,将纤维布裁成与管根、地漏直径尺寸及形状相同并周围加宽150 mm的样子套在管上,涂膜伸入落水口深度不小于50 mm。同时涂刷涂膜防水涂料,常温在4 h左右,再刷第二道涂膜防水层;24 h干燥后,即可进行大面积涂膜防水层施工。涂膜应均匀,不得有鼓泡现象。为增强涂膜防水层与水泥砂浆层的黏结力,应在涂膜未固化前,在涂层表面稀稀撒上一些砂粒,使其与保护层紧密结合。

(2) 卷材防水。为了加强防水卷材与基层之间的黏结力,保证整体性,在防水层施工前,预先在基层上涂刷涂料,然后再大面积喷、刷。喷、刷要薄而均匀,不能够漏白或过厚起皮。防水层施工时,应先做好节点、附加层和屋面排水比较集中部位(如屋面与水落口连接处、檐口、天沟、檐沟、屋面转角处、板端缝等)的处理,然后由屋面最低标高处向上施工。铺贴天沟、檐沟卷材时,宜顺天沟、檐口方向,减少搭接。铺贴卷材采用搭接法,上下层及相邻两幅卷材的搭接接缝应错开。平行于屋脊的搭接缝应顺水流方向搭接,垂直于屋脊的搭接缝应顺当地与主导风向搭接。叠层敷设的各层卷材,在天沟与屋面的连接处应采用交叉接法搭接,搭接缝应错开,接缝宜留在屋面或天沟侧面,不宜留在沟底。

4）门窗工程

本工程中的门窗种类有夹板门、塑钢门窗等几种。

（1）夹板门。

① 施工要点：验收成品要求内部构件作防腐处理，框料顺弯度不大于 4 mm。拼装前对部件进行检查，要求部件方正、平直；拼装时所有榫头加楔。边框和横楞必须在同一平面上，面层与边框及横楞加压胶结。在横楞和上下冒头各钻两个透气眼孔。安装前检查门扇的规格、型号，门框的高低、宽窄尺寸，按照扇高的 1/10～1/8 确定。在框上按照合面大小画线。剔出合面槽，槽深适应，槽底平整，门扇安装的留缝深度要求符合标准规定。

② 质量标准：符合设计要求，固定件安装要求牢固，门框墙体之间嵌填严密。裁口顺直，刨面平整光滑，开关灵活、稳定、无回弹，安装允许偏差及留缝宽度符合有关标准。

（2）塑钢门窗的安装。

① 塑钢门窗的进场：塑钢门窗运输进场时，应采用框架运输，也可采用简易包装运输。运输时必须竖直码放，并用绳子绑扎牢固，避免长途运输颠震导致门窗损坏。

装卸搬运时，必须轻拿轻放，依次提起或码放，不可用棍棒穿入门窗框内杠抬或起吊，严禁撬、摔等。

塑钢门窗进场前应具有出厂合格证书及检测报告。

② 门窗框与墙体连接点位置及数量的确定：确定连接点的位置时，首先应考虑能使门窗扇通过合页作用于门窗框的力，尽可能直接传递给墙体。

确定连接点的数量时，必须考虑防止塑钢门窗在风压及其他静荷载作用下可能产生的变形。

连接点的位置和数量还必须适应塑钢门窗变形较大的特点，保证在塑钢门窗与墙体之间微小的位移，不致影响门窗的使用功能及连接本身。

在合页的位置应设连接点，相邻两连接点的距离不应大于 700 mm。在横档或竖档的地方不宜设连接点，相邻的连接点应在距离其 150 mm 处。

③ 门窗框与墙体的连接方法：本工程中的塑钢门窗框与墙体的连接采用连接件法连接。其具体做法为先将塑钢门窗放入门窗洞口内，找平对中后用木楔临时固定。然后用固定在门窗框异型材靠墙一面的锚固铁件或膨胀螺栓固定在墙上。

④ 门窗框与墙间缝隙处理：由于塑料的线膨胀系数较大，故要求塑钢门窗框与墙体间应留出一定宽度的缝隙，以适应塑料伸缩变形的安全余量。

框与墙体间的缝隙，应用泡沫塑料条或油毡卷条填塞，填塞不宜过紧，以免框架变形。门窗框四周的内外接缝应用密封材料嵌填严密，也可采用硅橡胶嵌缝条，不宜采用嵌填水泥砂浆的做法。

不论采用何种填缝方法，均要求做到：嵌填封缝材料不应对塑料门窗框有腐蚀、软化作用，沥青类材料就有可能使塑料软化，故不宜使用。嵌填、密封完成后，就可进行墙面抹灰。工程有要求时，最后还需加装塑料盖。

学习情境三 框架结构工程施工组织

子学习情境 1　工程背景

某中学综合楼、教学楼、体育馆的施工组织如下。

1. 基础工程

本工程基础类型为挤扩支盘灌注桩,桩基上为钢筋混凝土承台,承台间为钢筋混凝土有梁式条基,基础砌体为 M7.5 水泥砂浆砌筑煤矸石红砖,墙体两侧抹水泥防水砂浆防潮层。

2. 主体工程

主体工程的上部结构为框架结构,现浇有梁板,综合楼、教学楼楼层现浇板采用蜂巢箱肋梁楼盖,维护墙体为砌筑加气混凝土砌块。综合楼部分、体育馆顶采用钢结构屋架。

综合楼工程:建筑面积 27119 m^2,地上 8 层,地上总高度 40.20 m,标准层层高为 4 m。本工程设两道伸缩缝,部分装饰墙体采用剪力墙结构,主要用于教师办公室、图书阅览室、实验室等,跨度大,施工难度大。

教学楼工程:本工程共三栋教学楼,单栋教学楼建筑面积 5973 m^2,地上 5 层,地上总高度 24.2 m,标准层层高 4 m。每栋教学楼设一道伸缩缝,楼与楼之间有连廊连接,主要便于学生在学习教室、阶梯教室等之间走动。

艺术楼工程:艺术楼工程建筑面积 12460 m^2,地上 5 层,地上总高度 20.7 m,室内外高差 1.5 m,主要用于报告厅、舞蹈排练厅、体操室、更衣室、乒乓球训练室等。

体育馆工程:本工程地上 2 层,建筑面积 3830 m^2,主要用于室内体育馆、更衣室等,屋面采用双层网架钢结构施工。

3. 屋面工程

本工程中屋面工程均采用水泥砂浆平屋面,采用两道防水设防,综合楼工程采用双层彩色现场复合夹芯板屋面,艺术楼报告厅屋面、体育馆屋面采用双层网架采光板屋面。

4. 装饰工程

(1) 地面工程:一层地面均采用地面砖地面;综合楼、艺术楼一层大厅及走廊地面采用磨光花岗石地面;艺术楼报告厅地面采用细石混凝土地面;舞蹈排练厅及体操室地面采用双木长条硬木地板;卫生间、洗刷间、实验室、准备室等地面采用地面砖防水地面。

(2) 楼面工程:楼面楼梯采用磨光花岗石楼面;卫生间、洗刷间等采用地面砖防水楼面;舞蹈排练厅及体操室采用双木长条硬木地板;其他楼面采用地面砖楼面。

(3) 内墙装饰工程:卫生间、洗刷间等墙面采用面砖防水墙面;艺术楼报告厅采用粘贴矿棉吸声板墙面;其他墙面采用混合砂浆抹面内墙涂料。

(4) 外墙装饰工程:外墙工程大部分采用混合砂浆抹面涂料面层;综合楼工程采用贴砌聚苯板复合保温涂料外墙及贴砌聚苯板复合保温面砖外墙;艺术楼外墙雨棚采用安全玻璃

雨棚；其他采用外墙饰面砖镶贴。

（5）天棚装饰工程：天棚装饰大部分采用混合砂浆涂料顶棚；艺术楼报告厅采用铝塑板吊顶。

（6）墙裙、踢脚线工程：磨光花岗石地面房间采用磨光花岗石踢脚线，铺地面砖地面采用面砖踢脚线。

（7）门窗工程：本工程门窗工程均采用铝合金门窗。

子学习情境 2　进度控制

[案例 1]　某三跨钢筋混凝土桥梁工程，桥台或桥墩按甲→乙→丙→丁的顺序组织施工，工艺顺序是挖土→基础→钢筋混凝土桥台（墩），最后安装上部结构Ⅰ→Ⅱ→Ⅲ，见图3.1。另外，桥墩（丙）需打桩。

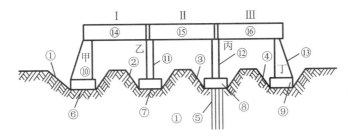

图 3.1　混凝土桥梁工程施工顺序图

序　号	工作名称	时间/天	序　号	工作名称	时间/天
①	挖土甲	4	⑨	基础丁	8
②	挖土乙	2	⑩	桥台甲	16
③	挖土丙	2	⑪	桥墩乙	8
④	挖土丁	5	⑫	桥墩丙	8
⑤	打桩丙	12	⑬	桥台丁	16
⑥	基础甲	8	⑭	上部结构Ⅰ	12
⑦	基础乙	4	⑮	上部结构Ⅱ	12
⑧	基础丙	4	⑯	上部结构Ⅲ	12

[案例 2]　某高架输水管道建设工程有 20 组钢筋混凝土支架，每组支架的结构形式及工程量相同，均由基础、柱和托梁三部分组成，如图 3.2 所示。业主通过招标将 20 组钢筋混凝土支架的施工任务发包给某施工单位，并与其签订了施工合同，合同工期为 190 天。

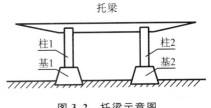

图 3.2　托梁示意图

双代号网络计划的编制要求如下。

① 施工流向:从第1组支架依次流向第20组支架;
② 劳动组织:基础、柱和托架分别组织混合工种专业队伍;
③ 技术间歇:柱混凝土浇筑后需养护20天方能进行托梁施工;
④ 物资供应:脚手架、模板、机具和商品混凝土等均按施工进度要求调度配合。

一、进度计划的类型

(1) 施工进度计划是为实现一定施工目标而科学地预测并组织确定未来的行动方案。主要解决三个问题:①确定施工组织目标;②确定达成施工目标的行动时序;③确定施工行动所需的资源比例。

(2) 施工进度计划的作用:①确立工作的责任范围和相应的职权;②促进交流与沟通,各项施工工作协调一致;③明确目标、实现目标的方法、途径及期限,并确保时间、成本及其他资源需求的最小化;④记录施工活动信息或资源约定,便于对变化进行管理;⑤把叙述性报告的需要减少到最低量,用图表的方式使报告效果更好。

(3) 施工进度计划的原则:①目的性;②系统性;③动态性;④相关性。

(4) 编制方法和类型。

编制方法包括形象进度、横道图、网络图三种。

编制类型包括以下几种:①按计划内容分为目标性时间计划、支持性资源计划。②按计划时间跨度分为年、季、月、旬、周。③按计划表达形式分为文字说明计划、图表形式计划。④按项目层次分为控制性施工总进度计划、实施性施工分进度计划、操作性施工作业计划。三种进度计划的区别如表3.1所示。

表3.1 三种进度计划的区别

序号	进度目标	计划名称	形式	内容	编制时间	用途
1	建设工期	总进度计划	横道图或网络图	建筑项目总体安排	设计阶段	规划性计划
2	建设工期	分进度计划	网络图	单位工程进度安排	施工投标阶段	控制性计划
3	作业时间	施工作业计划	网络图	分部、分项工程进度安排	施工准备阶段	作业性计划

二、编制程序

基本程序(共性)包括以下内容:

(1) 分析工程施工任务和条件,确定并分解工程进度目标,如项目内容、施工阶段、施工单位、专业工种等。

(2) 安排施工总体部署,拟定主要施工项目的技术、组织方案。

(3) 确定施工活动内容和名称。可粗可细,根据实际需要而定。

(4) 确定施工活动的相互关系,并分析逻辑关系,列出逻辑关系表。

(5) 确定各施工活动的开始和结束时间,估算持续时间。一般方法:①查阅工期定额及类似工程经验资料;②计算实物工程量和有关时间;③三点估算法。

(6) 绘制初步施工进度计划。

(7)确定各项活动的时间参数,确定关键线路及工期。
(8)施工进度计划的调整与优化。约束条件限制:资源条件、工期、成本。
(9)绘制正式施工进度计划,贯彻实施。

编制程序如图3.3所示。

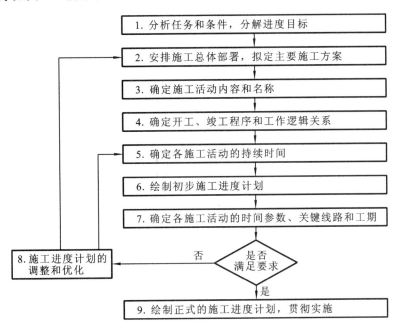

图3.3 编制程序

三、时标网络计划

1. 定义

工作的持续时间以时间坐标为尺度绘制的网络计划称为时标网络计划。

2. 图示特点

(1)箭线的长短与时间有关。

(2)实箭线表示工作,虚箭线表示虚工作,以波形线表示工作的时差。若按最早开始时间编制,波形线是工作的自由时差。

(3)节点中心必须对准相应的时标位置。可直接显示工作的时间参数和关键线路,不必计算。

(4)可直接在坐标下面绘出资源动态图。

(5)时标网络图不会产生闭合回路。

(6)修改不方便。

3. 时标网络计划的一般规定

(1)双代号时标网络计划必须以水平时间坐标为尺度表示工作时间,可为时、天、周、月、季。

(2)实箭线表示工作,虚箭线表示虚工作,波形线表示工作的自由时差。

(3) 所有符号在时间坐标上的水平投影位置,都必须与其时间参数相对应。节点中心对准相应的时标位置,虚工作以垂直方向虚箭线表示,由自由时差加波形线表示。

4. 绘制方法

(1) 间接绘制法:先计算网络计划的时间参数,再根据时间参数在时间坐标上进行绘制的方法。

① 绘制时标网络计划,计算时间参数,确定关键工作和关键线路。

② 根据需要确定时间单位并绘制时标横轴。

③ 根据节点的最早时间,把节点定位于纵轴上。

④ 在各节点绘出箭线长度及时差。先画关键线路,波形线的水平投影为该工作的时差。

⑤ 工艺和逻辑关系用虚箭线表示。

(2) 直接绘制法:不计算网络计划时间参数,直接在时间坐标上进行绘制的方法。口诀:时间长短坐标限,曲直斜平利相连;箭线到齐画节点,画完节点补波线;零线尽量拉垂直,否则安排有缺陷。如图 3.4 所示。

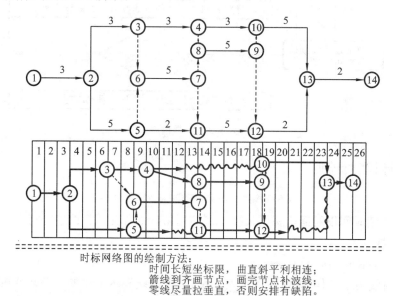

时标网络图的绘制方法:
时间长短坐标限,曲直斜平利相连;
箭线到齐画节点,画完节点补波线;
零线尽量拉垂直,否则安排有缺陷。

图 3.4 时标网络计划图

① 时间长短坐标限,受时间坐标限制。

② 曲直斜平利相连,箭线可为直线、折线、斜线等,但布局应合理,直观清晰。

③ 箭线到齐画节点,其他节点在内向箭线绘完后,定位于最迟箭线的末端。

④ 画完节点补波线,箭线长度达不到完成节点时,用波形线补足。

⑤ 零线尽量拉垂直,需工作尽量以垂直线画。

⑥ 否则安排有缺陷,若出现虚工作占据时间的情况,原因是工作面停歇或施工队工作不连续。

例 3.1 把图 3.5 所示非时标网络计划,用时标网络计划画出来,如图 3.6 所示。

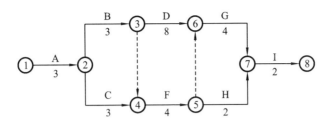

图 3.5 非时标网络图

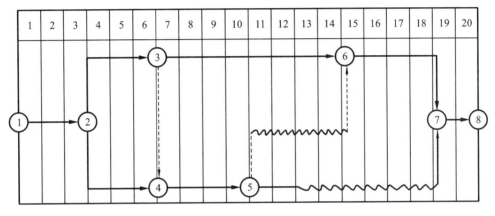

图 3.6 时标网络图

5．网络计划的控制

用前锋线法检查记录，具体步骤如下：

（1）标出检查日期；
（2）标出实际进度前锋线；
（3）将实际进度与计划进度进行对比，分析是否出现进度偏差；
（4）分析出现的进度偏差对后续工作和工期的影响；
（5）分析是否需要做出进度调整；
（6）采取进度调整措施；
（7）实施调整后的网络进度计划。

四、网络计划的优化

网络计划的优化就是在满足既定约束条件下，按选定目标，通过不断改进网络计划寻求满意方案。

优化目标，应按计划任务的需要和条件选定，包括工期目标、费用目标、资源目标。一般分为工期优化、费用优化、资源优化。

1．工期优化

选择应缩短持续时间的关键工作时，应考虑下列因素：

（1）计算并找出初始网络计划的计算工期、关键线路及关键工作。
（2）按要求工期计算应缩短的时间 $\Delta T = T_c - T_r$。

(3) 确定各关键工作能缩短的持续时间。

(4) 压缩关键工作时间,并重新计算工期。

注:关键工作不能变为非关键工作,当出现多条关键线路时,必须将平行的各关键线路的持续时间压缩相同的数值,否则,不能有效地缩短工期。

(5) 计算工期仍大于要求工期,重复上述步骤。

(6) 压缩达到极限时,应对原计划调整。

2. 费用优化

费用优化又称工期成本优化或时间成本优化,是指寻求工程总成本最低时的工期安排,或按要求工期寻求最低成本的计划安排过程。

一般情况,缩短工期会引起直接费的增加和间接费的减少,延长工期会引起直接费的减少和间接费的增加。费用-工期关系曲线如图 3.7 所示。

直接费曲线如图 3.8 所示。图中,C 为直接费,C_C 为最短时间直接费,C_N 为正常时间直接费,D_C 为最短持续时间,D_N 为正常持续时间。

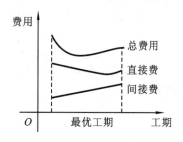

图 3.7 费用-工期关系曲线

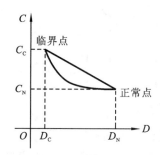

图 3.8 直接费曲线

费用优化的方法步骤:不断找出直接费率最小的关键工作,缩短持续时间。不断压缩关键线路上有压缩可能且费用最少的工作。

(1) 按工作的正常时间计算关键线路、工期、总费用。

(2) 根据图 3.8 可计算各项工作的直接费率 ΔC_{i-j},即

$$\Delta C_{i-j} = \frac{C_{C_{i-j}} - C_{N_{i-j}}}{D_{N_{i-j}} - D_{C_{i-j}}} \tag{3.1}$$

(3) 找出直接费率或组合直接费率最小的关键工作。

(4) 对于选定的对象,应比较直接费率与间接费率。若直接费率小于或等于间接费率,总费用减少或不变,应压缩;直接费率大于间接费率,不应压缩。

(5) 压缩时间的原则:不能小于最短时间;不能变为非关键工作。

(6) 计算缩短后的总费用。

(7) 重复(3)~(6)步骤,直至满足要求。

例 3.2 已知某双代号网络计划中各项工作的时间与费用数据(见图 3.9),试绘制时间成本曲线,并选择最优方案。

解 第 1 步:计算各工作以正常持续时间施工时的计划工期 T_1 和直接费用总和 S_1。

$$T_1 = 7 \text{ 天}, \quad S_1 = C_{N_{i-j}} = 425 \text{ 千元}$$

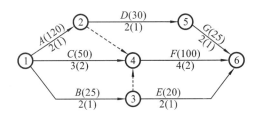

图 3.9 时间与费用数据

第 2 步:关键线路为 1—4—6,关键工作 C,F,则

直接费变化率 $\Delta C_{1-4}=50$ 千元/天

$$\Delta t_{1-4}=(3-2)\text{天}=1\text{ 天}, \quad T_2=6\text{ 天}$$
$$\Delta S_2=\Delta t_{1-4}\times \Delta C_{1-4}=1\times 50\text{ 千元}=50\text{ 千元}$$
$$S_2=S_1+\Delta S_2=(425+50)\text{千元}=475\text{ 千元}$$

第 3 步:关键工作有 4 条(1—2—5—6,1—2—4—6,1—3—4—6 和 1—4—6),工作 C(∞)不能再压缩了。

可行的工作组合为:

a—a:工作 D,F $\Delta C_{i-j}=(30+100)$千元/天=130 千元/天

b—b:工作 G,F $\Delta C_{i-j}=(25+100)$千元/天=125 千元/天

选择 b—b 切割:

$$\Delta t_{b-b}=\min\{\Delta t_{5-6},\Delta t_{4-6}\}=\min\{1,2\}=1\text{ 天}$$
$$T_3=5\text{ 天}$$
$$\Delta S_3=\Delta t_{b-b}\times \Delta C_{i-j}=1\times 125\text{ 千元}=125\text{ 千元}$$
$$S_3=S_2+\Delta S_3=(475+125)\text{千元}=600\text{ 千元}$$

第 4 步:从图 3.9 可知,关键线路仍为 4 条,由于工作 C,G 已不能再压缩。

最小切割:

a—a(工作 D,F 组合):

$$\Delta C_{i-j}=130\text{ 千元/天}$$
$$\Delta t=\min\{\Delta t_{2-5},\Delta t_{4-6}\}=\min\{1,1\}=1\text{ 天}$$
$$T_4=4\text{ 天}$$
$$\Delta S_4=\Delta t_{a-a}\times \Delta C_{i-j}=1\times 130\text{ 千元}=130\text{ 千元}$$
$$S_4=S_3+\Delta S_4=(600+130)\text{千元}=730\text{ 千元}$$

工期缩短 $\Delta T=7-4=3$(天)。

与正常情况相比,直接费用增加 $\Delta S'=(730-425)$千元=305 千元。

与各项工作均采用最短持续时间的情况相比,直接费用节约 $\Delta S''=(895-730)$千元=165 千元(由于工作 A,B,E 在优化过程中未作压缩)。

假设工程间接费用成本为 60 千元/天,可求得工程总成本,计算结果汇总于表。网络计划的时间-成本关系曲线,如图 3.10 所示。

最优工期为 6 天,其相应的总成本为 835 千元,如表 3.2 所示。

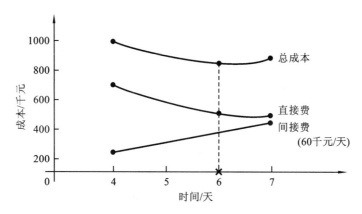

图 3.10 时间-成本关系曲线图

表 3.2 优化步骤与费用

步骤	工期/天	直接费/千元	间接费/千元	总成本/千元
1	7	425	420	845
2	6	475	360	835
3	5	600	300	900
4	4	730	240	970

3. 优选工作的可变顺序(组织关系)

图 3.11(a)桥梁工程施工网络计划图,工期为 63 天,不满足规定工期 60 天的要求。如果改变西侧桥台和东侧桥台施工组织顺序,在不增加任何投入的情况下,就可以将计划工期缩短到 $T=55$ 天,见图 3.11(b)。

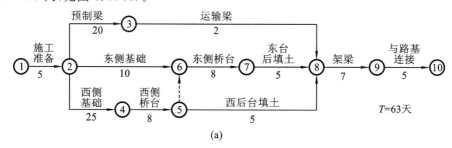

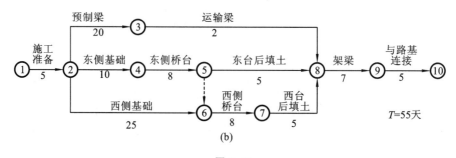

图 3.11

4. 施工进度计划的流程优化

由于施工对象划分成若干个施工段,则施工队进入不同施工段的顺序不同,施工计划的工期也不同。

如果施工段数目为 4,理论上讲共有 4!＝24 种施工顺序方案。

1) 分析法(约翰逊法,R. Johnson)

分析法适用两个施工队的施工顺序。

假设每个施工段均依次由甲和乙施工队施工,则 $t_{甲_i}$ 和 $t_{乙_i}$ 分别表示 A 施工队和 B 施工队在第 i 个施工段上的持续时间,具体步骤如下:

(1) 找出最小的 $t_{甲_i}$ 或 $t_{乙_i}$。

(2) 若最小值为 $t_{甲_i}$,则该施工段优先施工;若最小值为 $t_{乙_i}$,则该施工段应排在最后施工。若有几个数值同时达到最小值,则任取一个为最小值先排序。

(3) 将已排好序的施工段除去,余下的施工段再回到步骤(1)和(2)继续判断、排序,直到全部施工段的施工顺序都确定为止。

例 3.3 有 8 幢装配式住宅,现需安排设备安装(甲)和内外装饰(乙)两道工序的施工顺序,如表 3.3 所示。

表 3.3

施工段	A	B	C	D	E	F	G	H
甲	3	1	5	5	9	10	8	2
乙	4	7	2	4	6	12	7	1

解 最后的排序为 $B \rightarrow A \rightarrow F \rightarrow G \rightarrow E \rightarrow D \rightarrow C \rightarrow H$。施工工期为 1+3+10+12+7+6+4+2+1=46(天)。

画出施工网络计划图如图 3.12 所示。

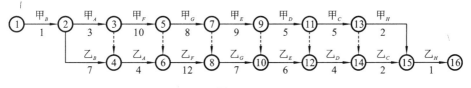

图 3.12

如果由三个施工队(甲、乙、丙)施工,且符合下列条件之一时,即

$$\min\{t_{甲_i}\} \geq \max\{t_{乙_i}\}$$

或 $\min\{t_{丙_i}\} \geq \max\{t_{乙_i}\}$

则可以将三个施工队的施工顺序问题转化成两个施工队的施工顺序问题。

2) 最小系数法

例 3.4 有 4 幢混合结构住宅,分为 A、B、C、D 四个施工段。有四个施工过程,即基础工程(甲)、结构工程(乙)、设备工程(丙)、装饰工程(丁)(见表 3.4),试确定施工顺序。

表 3.4

施工过程 \ 施工段	A	B	C	D
甲	5	4	3	2
乙	3	5	1	3
丙	4	6	2	5
丁	6	5	7	3

解 具体步骤如下：

(1) 将施工队分成数量上相等的前后两个部分（S_1 和 S_2）。如奇数，则中间施工队的施工持续时间平分于前后两部分。

(2) 计算各个施工段的排序系数如表 3.5 所示。

$$排序系数(k_j) = \frac{前半部分(S_1)施工队的持续时间之和}{后半部分(S_2)施工队的持续时间之和}$$

表 3.5

施工过程 \ 施工段	A	B	C	D
甲	5	4	3	2
乙	3	5	1	3
丙	4	6	2	5
丁	6	5	7	3
排序系数	8/10=0.80	9/11=0.82	4/9=0.44	5/8=0.63
施工次序	③	④	①	②

(3) 按最小排序系数确定施工次序。

排序系数由小至大，可得出较优的施工顺序，即 C→D→A→B，施工工期为 30 周。

该方案施工网络计划如图 3.13 所示。

3) 最短施工时间规则

在保证工艺顺序和资源供应不变的情况下，将施工持续时间最短的工序安排在最前面，然后按持续时间由短到长依次排列，这样就能尽早创造足够的工作面，缩短工期。

对于任何施工进度表，工期由 D_{ij}、D_{mj}、X_{mj} 三部分组成，如图 3.14 所示。

$$T = T_1 + T_2 + T_3 = \sum D_{ij} + \sum D_{mj} + \sum X_{mj}$$

式中：$\sum D_{ij}$——第一施工段前 $m-1$ 道工序之和；

$\sum D_{mj}$——第 m 道工序在 n 个施工段上的持续时间之和；

$\sum X_{mj}$——第 m 道工序所有施工间断时间之和。

优化步骤：①首先是选择 T_1 最小的施工段作为第一施工段；②根据最后一道工序相邻施工段之间间断时间最小的原则，选择下一个施工段；③根据求出的 T_1、T_2 和 T_3 之和，确定施工工期。

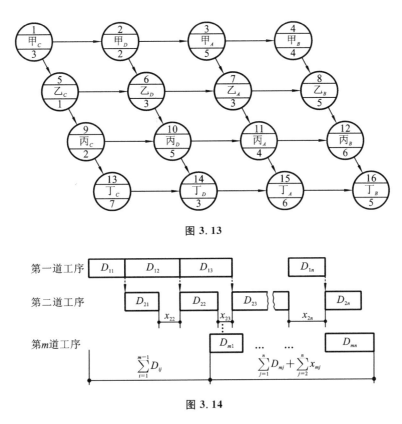

图 3.13

图 3.14

例 3.5 根据表 3.6 所示的资料,确定施工顺序。

解 第 1 步:确定最先开工的施工段。第一次决策矩阵表,选择最先开工的施工段,如表 3.6 所示。

表 3.6

施工过程 \ 施工段	A	B	C	D
甲	5	4	3	2
乙	3	5	1	3
丙	4	6	2	5
丁	6	5	7	3
$\sum_{i=1}^{3} D_{ij}$	12	15	6	10

$$\sum D_{4j} = 21(周)$$

将 C 段列为第一施工段,则

$$T_1 + T_2 = 6 + 21 = 27(周)$$

第 2 步:确定下一个施工段。如 C 先,A 后,由于相邻施工工序的制约关系所形成的最后一道工序的间断时间 T_3^1,如图 3.15 所示。

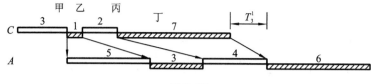

图 3.15

选定 $T_3^{(1)}$ 最小为 0,第二施工段为 D,如表 3.7 所示。

表 3.7

施工过程 \ 施工段	A/C	B/C	D/C
甲	5−1=4	4−1=3	2−1=1
乙	3−2=1	5−2=3	3−2=1
丙	4−7=−3	6−7=−1	5−7=−2
$T_3^{(1)}$	2	5	0

第 3 步:确定第三施工段。第三次决策矩阵表,如表 3.8 所示。

选定 $T_3^{(2)}$ 最小为 1 周,第三施工段为 A。

表 3.8

施工过程 \ 施工段	A/D	B/D
甲	5−3=2	4−3=1
乙	3−5=−2	5−5=0
丙	4−3=1	6−3=3
$T_3^{(2)}$	1	4

第 4 步:确定第四施工段。第四次决策矩阵表,如表 3.9 所示。

表 3.9

施工过程 \ 施工段	B/A
甲	4−3=1
乙	5−4=1
丙	6−6=0
$T_3^{(3)}$	2

所以,$T_3 = T_3^{(1)} + T_3^{(2)} + T_3^{(3)} = 0+1+2 = 3$(周)。

总工期:$T = T_1 + T_2 + T_3 = 6+21+3 = 30$(周)。

最优施工顺序为:$C \rightarrow D \rightarrow A \rightarrow B$。

根据计算结果,得到图 3.16 的最优施工顺序进度计划。

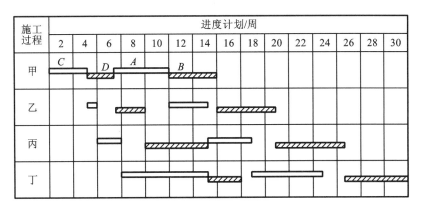

图 3.16

5. 施工资源配置

施工资源配置计划,落实资源类型、来源渠道、需要时间及使用方法,满足施工进度和降低成本的目标。

施工资源的分类按施工所需资源的内容,分为人力、物资设备、资金和技术资源。

施工资源计划的编制方法和步骤为:①确定各分部分项工程量;②套用定额,求需要量;③根据施工进度计划,分解资源需要量;④汇总、形成资源曲线或资源计划的表格形式。

如表 3.10 至表 3.15 所示,施工资源计划表包括综合劳动力及主要工种劳动力计划、资金需要量计划、施工机具需要量计划、主要材料及构配件需要量计划、大型临时设施需要量计划。

表 3.10 主要工种劳动力需要量计划表

序号	工程名称	总劳动量/工日	每月需要量/工日											
			1	2	3	4	5	6	7	8	9	10	11	12
	木工														
	钢筋工														
	泥工														
	⋮														
	综合														

表 3.11 施工项目劳动力汇总表

序号	工种名称	劳动量/工日	工业建筑及全工地性工程			道路	铁路	上下水道	电气工程	居住建筑		仓库、加工厂等临时建筑	20××年				20××年			
			工业建筑							永久性住宅	临时性住宅		1季	2季	3季	4季	1季	2季	3季	4季
			主要建筑	辅助建筑	附属建筑															

表 3.12 资金月需要量计划表

施工类别		每月使用量/万元											
		1月	2月	3月	4月	5月	6月	7月	8月	9月	10月	11月	12月
工业建筑及全工地性工程	工业建筑												
	…												
	…												
居住建筑	永久性												
	临时性												
仓库、加工厂等临时设施													
综合													

表 3.13 施工机具需要量计划

序号	机具名称	简要说明（型号、生产率等）	数量	电动机功率/kW	需要量计划							
					20××年				20××年			
					一	二	三	四	一	二	三	四

表 3.14 施工项目主要材料及构配件需要量计划表

序号	类别	构件、半成品及主要材料名称	运输线路	上下水道	电气工程	工业建筑		居住建筑		其他临时建筑	需要量计划							
						主要建筑	辅助及附属建筑	永久性住宅	临时性住宅		20××年				20××年			
											一	二	三	四	一	二	三	四
	主要建筑材料	石灰 砖 水泥 … …																
	构件及半成品	钢筋 钢筋混凝土及混凝土木结构 …																

表 3.15 大型临时设施需用量计划表

序号	项目名称	需用量		面积/m²	形式	造价/万元	修建时间
		单位	数量				

子学习情境 3　框架结构工程施工方案

一、总体施工方案

根据工程的具体情况综合考虑总体施工方案。基槽开挖完毕,对已施工桩基按照设计图的要求,进行静载试验和小应变测试。测试合格后,进行基础施工,划分施工段,主体施工阶段,采取平面流水施工。为便于现场施工调度及施工现场布置,综合楼工程室外装饰架构,施工期与主体施工至框架八层同时进行。屋面钢结构工程施工过程与装饰阶段同时进行。体育馆、艺术楼工程一层看台,与一、二层框架同时进行施工,后期水电安装、调试与装饰阶段同时进行。

二、主要分部分项工程施工方案

(一) 施工测量

1. 施工测量组织

本工程为群体工程,场地平整的同时,根据建设单位提供的现场平面布置及高程要求,投入一个8人的测量小组,专门针对工程定位、高程等进行实地测量,引控制桩,并做好记录,根据设计图的要求对建筑物进行定位,撒灰线,经与建设单位、监理单位共同验线合格后,方可对基槽进行开挖。

测量工作必须符合设计要求及施工规范的各项规定。

严格审核原始数据的正确性,坚持测量工作步步校核,坚持自检、互检制度。合格后交主管人员验收。

遵循先整体后局部、高精度的工作程序。

测量记录要及时,数字准确,内容完整,字体工整,记录中数字的位数反映观测精度,如水准仪读数应读至毫米。

2. 平面控制及高程控制

(1) 平面控制。根据设计图要求及建设单位提供的坐标点,对建筑物进行平面定位,用经纬仪进行初测,进行往返闭合测量,达到规范要求的误差范围。然后做龙门桩,测设建筑物矩形控制网点,控制网形成之后,加强保护工作。

(2) 高程控制。水准测量采用水准仪和双面水准尺,往返观测。

3. 地上结构的施工测量

(1) 地上结构的平面控制。在首层楼板上放置控制点,作为上部结构轴线传递的基准点。

上部结构的轴线传递采用激光铅直仪。在每层结构的相应部位留置 150 mm×150 mm 孔洞,以便激光通过。

为确保轴线传递的准确性,每层的轴线均从首层基点向上传递。

为满足控制网的精确度要求,本工程将采用 TOPCON—701 智能全站仪,一测回测角,二测回测边。测量时严格按《工程测量规范》中水平角观测和光电测距的技术要求进行,并做测量记录。

(2) 建筑物的高程传递。在每层的柱子浇筑完后向上传递高程。在室内柱子定出 50 线,并弹墨线标明,以供室内地坪线抄平和室内装修用。

引测高程采用水准仪和 50 m 钢尺。对钢尺必须做加拉力、尺长、温度校正,并应往返测量,确定标高传递的准确性。

(二)桩间土方工程

1. 桩间土方开挖

(1)根据工程定位放线结果,针对工地现场土质特点、基础埋置深度及基槽放坡要求,对基槽进行放线,验收合格后进行开挖,经现场踏勘,现场所有桩基已经施工完毕。根据设计图的要求,如桩间剩余土方较少,土方开挖以机械为主,采用三台 0.25 m³ 小挖掘机开挖,就能满足要求,槽底预留 20 cm 人工清除,至设计垫层底高程。开挖过程中,由于承台间条基埋深较浅,必须严格控制高程,以免扰动原土,破坏地基承载力。

(2)地基钎探采用人工打钎,根据实际捶击数量填写记录。

工艺流程:按规范布孔→确定打钎顺序→就位打钎→(记录锤击数)→整理记录→拔钎盖孔→检查孔深→灌水、灌砂→验收。

施工要点:① 按照设计图绘制钎探孔位平面布置图,采用梅花形排列顺序,间距 1.5 m(如图 3.17 所示)。根据平面图放线,洒上白灰点。

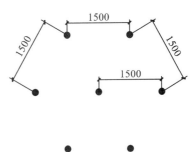

图 3.17 钎探孔布置示意图

② 将触探杆尖对准孔位,再把穿心锤套在钎杆上,扶正钎杆,拉起穿心锤,使其自由下落,锤落距 50 cm,把触探杆竖直打入土层。

③ 记录锤击数,钎探每打入土层 30 cm,记录一次。

④ 拔钎。用铁丝将钎杆绑好,留出活套,套内插入铁管,利用杠杆原理拔出。

⑤ 灌水、灌砂。打完的钎孔,经过质检员和工长检查孔深与记录无误后,即进行灌水、灌砂。灌砂每填入 300 mm,用钢筋捣实一次。

2. 凿桩头、试化验

基槽开挖完毕,需要对高出的桩头进行凿除,桩头凿除按设计图设计标高进行截桩,要求桩头高于承台底标高 100 mm,表面应无松动混凝土,凿除时严禁随意扳动桩内钢筋,凿桩完成后,及时对标高和轴线进行复验。截桩至规定标高后,如发现混凝土不密实、蜂窝孔洞、浮浆太厚、钢筋锚固长度不够等问题时,必须经设计单位、监理单位、建设单位等有关人员现场共同商定处理措施,并做好隐蔽工程验收记录。

对桩顶进行处理后,对桩基的 80% 进行静载试验和小应变测试,达到设计要求的承载力后,方可进行下一道工序施工,如不满足要求,立即提出方案,会同建设单位、监理单位、设计单位一起共同针对方案的可行性进行研究,或采取补桩方法加大地基承载力。

(三)蜂巢箱肋梁楼盖专项施工方案

1. 工艺原理

大跨度蜂巢箱肋梁楼盖技术是集现浇与预制技术于一身的综合建筑技术,蜂巢箱是该技术的物质基础,是一种混凝土蜂巢楼盖的结构盒,它用高强复合混凝土制作中空封闭的箱体,箱体前期起到肋梁模板的作用,后期则参与结构整体受力,肋梁楼盖的基本受力是单元式箱型界面肋梁。在施工过程中,通过底盒与底盒之间外伸拉结筋的连接、底盒拉结筋与肋梁主筋的钩锚、叠合箱侧壁与肋梁的加固连接、叠合箱顶盖外伸拉结筋与肋梁纵筋的连接、柱与叠合箱的加强连接等关键工序,将预制蜂巢箱构建与后浇肋梁连接成梁板合一的整体,连接可靠,整体性好,形成工字形断面的网梁楼盖,具有底部平整、大空腔蜂巢构造及空间受力的特性。

2. 施工工艺及操作要点

(1) 根据设计图要求,由专业蜂巢箱制作公司针对本工程所使用的蜂巢箱进行专项设计,包括配筋等,确定方案后,需经设计单位同意后,方可进行生产加工。

楼盖底模板支设,本工程底模板采用多层板支设满堂模板,施工方便,并可以多次周转使用。

本工程蜂巢箱楼盖跨度较大,需起拱,根据设计要求进行起拱,如无明确规定,则起拱高度按短跨尺寸的 1/500 考虑。

(2) 在底模上弹好蜂巢箱位置线,以保证箱体准确就位。

(3) 将底盒的外伸钢筋弯起 90°,稍成钝角以便摆放底盒。

(4) 在底模板上、蜂巢箱箱底四周与模板上叠合箱的位置线处,用胶合水泥浆浇出密封条,水泥浆内掺建筑胶或缓凝剂,胶条的高度不小于 6 mm,浇完密封条后,立即摆放蜂巢箱,并用橡皮锤震击蜂巢箱中心,震到蜂巢箱与模板之间没了缝隙为止,以保证封条压实于模板和盒底之间。该措施是为了防止蜂巢箱与底模板之间漏浆。注意仔细对照箱型布置图,防止放错箱型。

(5) 在底模板上摆放蜂巢箱,箱与箱之间间距按设计要求的肋梁宽度确定,蜂巢箱的受力构件位置不同,箱体配筋也不同,施工过程中应仔细对照箱型分布图进行箱体布置。

(6) 将相邻箱体的外伸钢筋相互拉结。

(7) 肋梁钢筋绑扎,接头位置位于本跨 1/3 范围内,采用机械连接。

(8) 按照设计图要求,将蜂巢箱外伸钢筋与肋梁主筋钩锚牢固。肋梁钢筋及箍筋下料前,必须根据设计图要求确定保护层厚度后,方可进行下料,侧向保护层厚 8 mm,上下层钢筋保护层厚 25 mm。

(9) 施工过程中,肋梁箍筋弯折半径应严格按照规范规定,以防肋梁主筋位移,过大则导致混凝土浇筑困难。

(10) 绘制电线管的安装示意图。

(11) 加强柱与叠合箱的连接,在柱周实心及暗箱处附加箍筋,严格按照设计图要求施工。

(12) 对已经就位的蜂巢箱侧壁进行喷水,以防止现浇混凝土失心。

(13) 现浇混凝土用小直径振动棒振捣,严禁振动棒直接贴在蜂巢箱侧壁上振捣。

(四) 混凝土工程

1. 混凝土浇筑前的准备

1) 技术准备

(1) 混凝土的选择。本工程拟采用商品混凝土。

(2)泵管固定。混凝土泵的配管不得直接支撑在钢筋、模板及预埋件上,水平管每隔 1.5 m 左右用支架或台垫固定,以方便排除堵管、装拆和清洗管道。泵管固定图如图 3.18 所示。泵管要在以下部位进行固定。

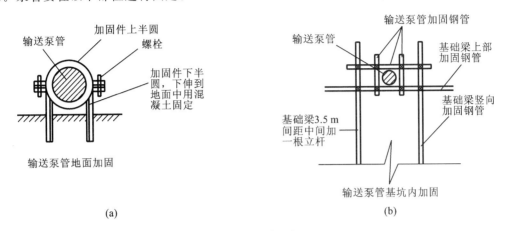

图 3.18 泵管固定图

① 管与输送泵接口部位附近。该处受到的冲击力最大,采用钢管加固,钢管埋入地下的混凝土墩固定。

② 泵管进入楼层前进行固定。采用钢管夹住泵管,并用木楔子塞紧,泵管下面垫上方木,钢管埋入地下。

③ 泵管在首层由水平管变成立管处进行固定。通过架料钢管借助上下楼板将泵管固定。

④ 垂直管在每层楼板(洞口)进行固定。垂直泵管通过木楔将泵管在楼板预留洞处塞死。

(3)检查模板、支架、钢筋和预埋件。在混凝土浇筑之前,应检查和控制模板、钢筋、混凝土保护层和预埋件等的尺寸、规格、数量和位置,其偏差应符合施工规范要求。检查时应注意模板的标高、位置和构件的截面尺寸是否符合设计要求,所安装的支架是否稳固,支撑和模板的固定是否可靠,混凝土浇筑前,模板内的垃圾、木片等应清除干净。

(4)对施工人员作好技术交底和隐蔽验收。技术交底内容应详细、有针对性和可操作性。请业主和监理人员对隐蔽部位进行验收,填好隐蔽验收记录。严格执行混凝土浇灌令制度,填写混凝土通知单,通知混凝土供应厂家所要浇筑混凝土的强度等级、配合比、搅拌量、浇筑时间等。

2)机具准备

混凝土地泵及泵管:HTB80 固定混凝土输送泵,泵管直径 125 mm。

混凝土浇注前,重点检查混凝土泵运转情况是否正常,对振动器及振动棒等机具设备按需要准备落实。对易损机具,应有备用,所用的机具均应浇筑前进行检查和试运转,同时配有专职技工以便随时维修。

3)掌握天气季节变化情况

对气象情况应加强预测预报的联系工作。在每一施工段浇混凝土时,掌握天气的变化情况,尽量避开雨天,以确保混凝土浇筑质量。

2. 工艺要求

1) 框架柱混凝土浇筑

框架柱利用吊车调运混凝土浇筑,施工缝留梁底面下 20~30 mm 处。

框架柱的施工按施工段进行,在支柱模前应先对柱根部进行剔凿和清理,然后再支模浇筑混凝土。为了避免混凝土离析,采用串筒分层下料,层厚控制在 500 mm。插入式振动器先沿柱四角振捣,后振中间,要认真操作,不能漏振,确保混凝土密实。柱混凝土浇筑前,底部应先浇 5 cm 厚与墙混凝土配合比相同的减石子混凝土。混凝土下料放在大模板操作平台上,不允许直接入模,混凝土分层浇筑、分层振捣。

2) 基础混凝土浇筑

承台基础、条形基础垫层均为 C15,厚 100 mm。由于混凝土方量少,此部分混凝土采用吊车吊运至现场,在浇筑混凝土前应先检查垫层模板的几何尺寸,轴线无误后,再进行施工。在浇筑过程中,振捣要密实,不得出现漏振、蜂窝、麻面等现象,浇筑完毕后要及时进行第一次抹压,待混凝土垫层初凝时泌水后,进行二次抹压,使其垫层顶部更加平整和色泽一致,加强混凝土的养护工作。

施工段应同步流水浇筑混凝土。承台支模前,浇水冲洗干净,方可支承台模板,以防支模后,模板内的杂物无法清理干净,导致混凝土质量出现缺陷。

3) 剪力墙混凝土浇筑(综合楼工程)

对电梯井剪力墙基室外装饰架构浇筑混凝土时,采用串筒分层交圈进行。对剪力墙混凝土的浇筑除按一般原则外,还应注意,浇混凝土前需对施工缝进行处理,在浇筑过程中,不可随意挪动钢筋,并经常检查钢筋保护层厚度。

4) 楼层梁板混凝土浇筑

楼层梁、板混凝土采用固定泵输送,并同时进行浇筑。对于框架柱混凝土强度比梁板高的部位,利用塔吊吊头运输混凝土,并对柱头进行单独浇筑。

梁板混凝土浇筑时,应沿次梁方向,从一端平行推进至另一端。在浇筑过程中,由于梁上部钢筋较多,应注意梁下部混凝土密实性,必须加强振捣,并在混凝土初凝前采取二次振捣。

本工程综合楼、教学楼工程楼层现浇梁板采用专利新技术蜂巢箱肋梁楼盖施工,此部分混凝土的浇筑见蜂巢箱专项施工方案。

3. 混凝土的养护

为保证已浇好的混凝土在龄期内达到设计要求的强度,控制混凝土产生收缩裂缝,必须做好混凝土的养护工作。养护时间不小于 14 天。设专门的养护班组,24 h 有人值班。

水平梁板采用覆盖草袋浇水养护,并应在混凝土浇筑完毕 12 h 左右进行。浇水次数应根据能保证混凝土处于湿润的状态来决定。

4. 注意事项

(1) 本工程柱和梁板分二次浇筑,在浇楼层梁板混凝土前必须将柱施工缝中松散的混凝土面层凿除,露出坚实的粗骨料并用水冲洗干净。

(2) 浇梁板混凝土过程中,要派专人看护钢筋,尤其是预埋件,防止偏移。并派专人看护支撑和模板。

（3）混凝土施工除把好原材料关外，养护是一个非常重要的环节，必须制定专门的养护措施。

（五）钢筋工程

1．施工准备

1）人员准备

钢筋工要求绑扎熟练，每人需配备卷尺，并配有线坠，用于现场控制钢筋间距和钢筋垂直度控制；后台钢筋加工人员需要经过专门培训，特殊工种，例如电焊工、对焊工等，需持证上岗。

2）机械准备

后台钢筋加工机械场地在现场进行布置，项目部由机械员专职负责，保证机械的正常使用及精确度的调整；施工工人准备好钢筋钩子、撬棍、扳子、绑扎架、钢丝刷、粉笔、尺子等。

3）材料准备

钢筋进厂必须有出厂质量证明书或实验报告单，并且质量证明书必须随钢筋一同到场，详细内容需经实验员、钢筋技术员验证，钢筋表面或每盘钢筋都有不少于两个挂牌，印有厂标、钢号、批号、直径等标证。

钢筋进厂时必须分批验收，每批由同一截面和同一炉号的钢筋组成，重量不大于 60 t。检验内容包括对规格、种类、外观的检查，并抽样做力学性能复试实验，合格后方可使用。

外观检查时注意钢筋表面不得有裂缝、结疤和折叠。钢筋表面允许有凸块，但不得超过横肋的最大高度。

钢筋检验合格后，分规格、种类码放整齐，并准备防雨布。铁丝采用 22#铁丝进行绑扎，铁丝的切断长度根据现场绑扎的要求，丝头允许露出 30 mm，扎丝切断工根据现场实际测量长度，严格进行扎丝下料。

控制混凝土保护层用的素混凝土垫块、塑料卡、各种挂钩或撑杆等，必须严格按照钢筋保护层的要求进行下料或定货，钢筋工长、技术员、质检员必须严格检查上述材料的规格、尺寸是否满足要求，如果不满足要求，及时通知退货或返工加工，保证到现场施工时，上述材料满足施工要求。

4）技术准备

（1）钢筋放样。技术员及放样员必须详细阅读结构总说明，以及梁、柱、板说明、设计变更和设计图会审记录，详细了解设计图中的各个环节，如果有不清楚的环节，及时与设计院取得联系，及时解决。

对于绑扎钢筋，受拉区钢筋接头按 25% 错开，且在跨中 1/3 之间的位置；受压区钢筋接头按 50% 错开，同时同一截面钢筋接头的数量不得大于 50%；对于竖向钢筋连接，同时同一截面接头数量不超过 50%。

所有放样料单均需符合设计及施工规范要求，对设计中没确定的部分，征求设计同意后，以设计为准或以《混凝土结构工程施工质量验收规范（2011 版）》（GB 50204—2002）及《建筑物抗震构造详图》为准。

钢筋放样必须结合现场实际情况,考虑搭接、锚固要求,进行放样下料。钢筋放样单必须经过项目技术员审核,才可以进行加工。

(2)钢筋后台加工。

① 钢筋调直:用调直机调直钢筋时,要根据钢筋的直径选用调直模和传送压辊,并正确掌握调直模和压辊的压紧程度,调直模的偏移量要根据其磨耗程度及钢筋品种通过试验确定,调直筒两端的调直模一定要在等孔二轴心线上,若发现钢筋不直时,应及时调整调直模的偏移量。钢筋应平直、无局部曲折。

② 钢筋除锈:钢筋表面应洁净,油渍、漆污或锤击时剥落的浮皮、铁锈等在使用前应清除干净。

③ 钢筋切断:经过项目人员确定钢筋的出厂合格证和复试试验报告结论符合设计和规范的要求后,通知下料人员进行钢筋下料,下料之前,由项目专业技术人员根据配筋图和划分的施工程序,给出结构各部位各种形状和钢筋大样图并编号,分别计算出其下料长度及根数,填写料单,申请加工。由项目人员根据设计及规范要求,将同规格钢筋根据不同长度长短搭配,统筹排料,遵循先断长料,后断短料,减少短头,减少损耗,钢筋的断口不得有马蹄或弯起现象。

2. 钢筋绑扎

1)承台钢筋绑扎

(1)作业条件:按施工现场平面图规定的位置,将钢筋堆放场地进行清理、平整。将钢筋堆放台清理干净,按钢筋绑扎顺序分类堆放,并标示清楚,内容包括使用部位、数量、钢筋直径、钢筋长度等,并将锈蚀清理干净。

核对钢筋的级别、型号、形状、尺寸及数量是否与设计图及钢筋加工配料单相同。熟悉图纸,确定钢筋穿插就位顺序,并与有关工种作好技术交底。

(2)工艺流程:画钢筋位置线→绑扎承台钢筋→绑扎地梁钢筋→柱子插筋→墙体插筋。

(3)施工工艺:按设计图标明的钢筋间距,算出承台实际需用的钢筋根数(查钢筋料单),让靠近承台边的钢筋离模板边 50 mm,弹出钢筋位置线(包括基础梁及剪力墙钢筋位置线),钢筋就位时,按照钢筋位置线进行摆放钢筋。

(4)绑拉梁钢筋:按弹出的钢筋位置线,先绑扎拉梁钢筋,交叉点全部绑扎,采用正反扣绑扎。扎丝长度按现场实际绑扎情况,找出适合的长度,绑扎完的丝头压在钢筋上,方向一致,长度一致,保证扎丝绑扎规矩,钢筋不位移。

摆放承台及拉梁混凝土保护层,用大理石垫块或素混凝土垫块,垫块厚度等于保护层厚度,间距 600 mm×600 mm 呈梅花形进行摆放,要求横竖一条线,斜向一条线。地梁根据梁位置线就地绑扎成型,要求梁箍筋弯钩角度为 135°,平直段长度为 $10d$(d 为钢筋直径),拉梁主筋间距一致。

钢筋搭接长度及搭接位置应符合设计及施工规范要求,上下层钢筋的断筋位置应符合设计及施工规范要求。

根据弹好的柱位置线,将柱深入基础的插筋绑扎牢固。插入基础深度要满足图纸设计要求的锚固长度,其上端用水平定位框定位,水平定位框第一道放在插筋根部,与底板钢筋绑扎牢固,第二道放在插筋第一道搭接位置处,绑扎牢固,调整到位,保证插筋垂直,不歪斜、不倾倒、不变位。

2) 柱筋绑扎施工工艺

(1) 工艺流程:套柱子箍筋→连接受力竖向筋→画箍筋间距→绑扎柱子箍筋。

按图纸要求间距,计算好每根柱子箍筋数量,先将箍筋套在下层伸出的柱筋上,然后立柱子钢筋。

竖向受力筋立起之后,钢筋连接位置距地必须大于 500 mm,相邻接头位置相互错开 1000 mm。吊线垂直保证柱子柱筋垂直于地面。

(2) 钢筋接头:直径小于 14 mm 绑扎连接。直径大于等于 14 mm 钢筋采用电渣压力焊连接。

(3) 画箍筋间距线:在立好的柱子竖向钢筋上,按设计图要求用粉笔画箍筋间距线。

(4) 柱箍筋绑扎:按已画好的箍筋位置线,将已套好的箍筋往上移动,由上往下绑扎,采用正反扣绑扎,扎丝缠在柱子内。

箍筋与主筋要垂直,箍筋转角处与主筋交点均要绑扎,主筋与箍筋非转角部分采用正反扣绑扎。

箍筋的弯钩叠合处沿柱子竖筋按 50% 交错布置,并绑扎牢固。柱筋保护层厚度要求:一般为 30 mm 同时不小于钢筋直径,垫块或保护卡绑在柱子主筋上,厚度最小为 20 mm 且能保证主筋保护层,尺寸为 50 mm×50 mm,间距 600 mm。

梁柱交接处,保证柱子的截面尺寸。

(5) 钢筋位移控制:为控制钢筋的位移,柱子定位采用钢筋焊成定位卡套在柱主筋上,控制钢筋间距位置,下部用塑料垫块控制保护层厚度。

3) 墙体钢筋绑扎

(1) 作业条件:作业具体位置为综合楼工程电梯井及外装饰剪力墙。

钢筋外表面如有铁锈时,应在绑扎前清除干净,锈蚀严重侵蚀端面的钢筋不得使用。绑扎钢筋地点清理干净,做好钢筋摆放处的准备工作,搭架子或垫方木。弹好墙身、洞口位置线,并将预留钢筋处的松散混凝土剔凿干净。

(2) 工艺流程:竖向钢筋位移调整→绑扎墙体水平钢筋(固定竖向钢筋)→绑扎墙体竖向定位筋→绑扎墙体竖向钢筋→绑扎墙体水平钢筋→绑扎拉筋→调整钢筋→验收。

(3) 施工要点:根据弹好的墙位置线,保证墙体钢筋位置正确。

(4) 钢筋接头:直径大于等于 14 mm 采用电渣压力焊连接。

(5) 质量标准:钢筋的品种和性能,必须符合设计要求及有关标准的规定。

钢筋带有颗粒状和片状老锈,经除锈后仍留有麻点的钢筋,严格按原规格降级使用或剔除不用,钢筋表面应保持清洁。

钢筋的规格、形状、尺寸、数量、锚固长度、接头设置,必须符合设计要求和规范规定。

钢筋骨架绑扎不能出现缺扣、露扣现象。

弯钩的朝向应正确。绑扎接头应符合施工规范的规定,其中每个接头的搭接长度不小于规定的长度值。

箍筋数量、弯沟角度和平直长度应符合设计和施工规范要求。

4）梁、板钢筋绑扎

绑扎主梁钢筋→绑扎次梁钢筋→画板筋位置→拉通线绑扎顶板下层钢筋→拉通线绑扎顶板上层钢筋→调整钢筋的位置→清理干净→自检、报验。

钢筋上楼前,核对钢筋的级别、型号、形状、尺寸及数量是否与设计图及加工配料单相同。在梁底模板支设完毕后先绑扎主、次梁钢筋,绑扎时保证箍筋的间距正确,如图3.19所示。

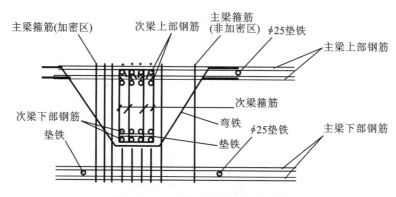

图3.19 主次梁交叉处钢筋排列图

梁筋绑扎完毕后支梁侧模板和板底模板,在模板上弹钢筋的位置线,按弹出的钢筋位置线,严格按照施工工艺流程的要求拉通线进行绑扎施工。

钢筋绑扎时,钢筋相交点必须全部绑扎,采用八字扣绑扎,必须保证钢筋不位移;钢筋搭接范围内,除交叉点外,应另加三道丝扣进行绑扎。

摆放顶板垫块,厚度15 mm,按每800 mm距离呈梅花形摆放,垫块摆放好后应保证横、竖、斜一条线;马凳钢筋800 mm间距,梅花形摆放,要求摆放均匀、坚固。

顶板钢筋锚固于墙或梁内,锚固长度应符合设计和规范要求。

顶板钢筋绑扎完毕后,调整墙体竖向钢筋,并用水平定位梯子筋定位,确保钢筋保护层正确,钢筋不位移、不超高。

5）楼梯钢筋绑扎

（1）工艺流程：画位置线→绑底钢筋→绑分布筋→绑踏步筋。

（2）施工要点：在楼梯底板画主筋和分布筋的位置线。依据设计图中梁筋、主筋、分布筋的方向,绑扎楼梯梁时,先绑梁后绑板。板筋要锚固到梁内,然后绑扎主筋再绑扎分布筋,每个交点均应绑扎。休息平台施工缝处必须加马凳,马凳脚部垫垫块,如图3.20所示;楼梯梁用顶梁撑顶住。底板筋绑扎完,绑扎踏步钢筋,然后再支踏步模板。

3. 成品保护措施

柱子钢筋绑扎后不准踩踏,不准在柱子主筋上施焊。楼板的弯起筋、负钢筋绑好后,不准在上面踩踏行走,钢筋绑扎成型后,搭设跳板专门供施工人员走动。浇筑混凝土时派钢筋工专门负责修理,保证负弯筋位置的正确性。

绑扎钢筋时禁止碰动预埋件及洞口模板。钢模板内涂抹隔离剂时不要污染钢筋。

安装电线管、暖卫管或其他设施时,不得任意切断和移动钢筋。半成品钢筋进入绑扎现

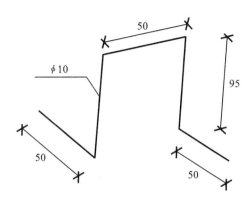

图 3.20 板钢筋铁马凳

场前,做好防锈保护措施;有锈蚀的钢筋,在后台先进行清理,经过预检以后,才可以进入绑扎现场。

钢筋绑扎前,钢筋工先检查钢筋加工的规格、尺寸是否符合设计图要求,有疑问时,及时向项目有关人员进行反映。然后检查钢筋加工的外观质量,以及在运输过程中有无破坏情况,如果有,及时向有关人员提出。柱、墙钢筋绑扎过程中,搭设架子进行绑扎,一次绑扎到位,钢筋成型后,严禁进行蹬踏。

水电施工过程中严禁踩钢筋进行施工,必须搭架子进行施工,有破坏钢筋的情况出现时,土建施工队有权进行制止,并反馈到项目部,项目部将对有关队伍进行处罚。水电施工时,严禁在钢筋主筋上施焊,严禁随意烧钢筋。穿套管时,钢筋移位后应及时进行调整。

在加固模板时,顶撑严禁焊在受力主筋上,可以另加钢筋进行焊接。浇筑混凝土时,钢筋工必须由专人进行看护钢筋,钢筋移位后,及时进行调整。浇筑混凝土结束后,及时对钢筋进行清理。

绑扎钢筋时严禁碰撞水电预埋件,如碰动,应及时通知相关专业人员进行重新安装、调整,保证预埋电线管等位置准确。如发生冲突时,可将竖向钢筋沿平面左右弯曲,横向钢筋上下弯曲,绕开预埋管,但一定要保证钢筋保护层的厚度,严禁任意切割钢筋。钢筋弯曲后,在间距偏大的地方,另加钢筋进行补强。

各工种操作人员在施工本专业内容时,必须搭设架子进行操作,施工过程中没有项目相关人员的同意,不得随意割断钢筋。在钢筋绑扎过程中,不能在混凝土没有达到规定强度前在混凝土面堆放钢筋,钢筋堆放过程中,必须轻放,不能破坏混凝土面。

本工程教学楼及综合楼采用蜂巢箱肋梁楼盖专利技术,此部分混凝土浇筑见蜂巢箱专项施工方案。

(六)模板工程

1. 模板体系选择

本工程主要为现浇钢筋混凝土框架结构,模板工程是影响工程质量的关键因素。为确保工程质量,为了使混凝土的外型尺寸、外观质量都达到高要求,应充分发挥在模板工程上的优势,利用最先进、最合理的模板体系、支撑体系和施工方法,满足工程质量的要求。

基础拉梁、承台外侧采用组合钢模板拼装,内刷隔离剂。遇有钢模板不合模数时,可另加木模板补缝。模板安装前,根据设计图要求在基础垫层上放好基础尺寸线,复核无误后,开始支模。

模板安装完毕后,检查一遍扣件、螺栓是否紧固,模板拼缝及下口是否严密,并办理预检手续。模板支设时应先穿好对拉螺栓,将方木横担在螺杆上,再按照尺寸从螺杆处向下吊钢管,调整好方木和钢管的位置后支竖向双钢管。最后紧固螺栓和扣件。

剪力墙、柱及梁板采用优质多层板,80 mm×100 mm、50 mm×80 mm方木做龙骨,采用早拆体系支撑。支撑系统为扣件式钢管架早拆体系。

2. 模板设计

1) 矩形柱模板设计

模板采用12 mm厚优质多层板,80 mm×100 mm方木做龙骨和φ48.3 mm×3.6 mm钢管作背楞,根据柱子截面尺寸、高度和多层板的规格预制定型模板,分块制作组拼。

方木必须平直,木节超过截面1/3的不能用。模板接触处粘贴2 mm厚、15 mm宽的防水双面胶带,防止漏浆。模板加固采用φ48.3 mm×3.6 mm钢管+φ18 mm对拉螺杆+槽钢,竖向间距@300~600 mm,组装方法见模板设计图(见图3.21)。

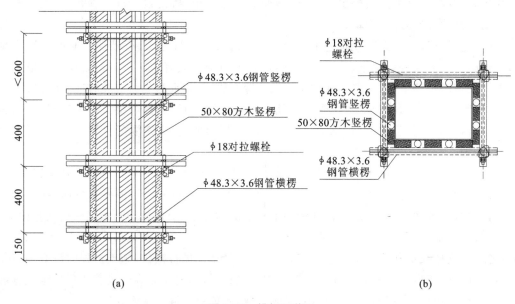

图 3.21 模板组装图

2) 剪力墙体模板设计

(1) 模板设计。电梯井模板采用2 mm厚钢板作面板,边框、竖肋均为8#槽钢,一端面板凸出框2 mm,另一端凹进面板20 mm,第一到竖肋距边框的距离为300 mm,然后以300 mm间距模数从两端往中间布置。竖肋与钢板焊接牢固,竖向无小横肋布置,板面属单向受力。横肋为10#槽钢,间距为1100 mm,第一批横肋距钢板上、下口高度均为300 mm,两槽钢之间留出穿墙栓孔的位置(45 mm),穿墙螺栓为φ30 mm三节式止水螺栓,横肋和边肋上带有连接孔。孔距 330 mm,模板之间通过水平围檩(两榀普通 10# 槽钢)用 φ16 mm 勾头螺栓固定紧,上中下各一道水平围檩,再用 φ16 mm 螺栓把两块板的边肋锁紧。

(2)工艺流程。作好各项施工准备工作→吊装角部模板,安装就位简单固定→吊装横墙大模板并就位,拧紧对拉螺栓→吊装竖墙大模板,就位,拧紧对拉螺栓→用钢管和 U 形托斜撑调整墙模的垂直度→加固阴阳角→检查模板垂直度,上口平直,螺栓松紧程度→清理现场、报验。

(3)施工要点。模板的下口锁是一根通长的 100 mm×100 mm 方木。大板与大板间在上中下锁三道两根相对 10# 槽钢围楞,通过 φ16 mm 的勾头螺栓与大板竖龙骨连接固定。

阳角模在上中下锁三道两根相对 10# 槽钢围楞,通过 φ16 mm 的勾头螺栓与大板竖龙骨连接固定。斜撑用 φ48.3 mm 钢管,用 U 形托调节长度,间距不大于 1400 mm,上下各一道,斜撑与地的夹角必须小于 45°。拉杆采用 8# 钢丝绳,中间用花篮螺栓调节长度,间距 1400 mm。为了防止错台,在每块板端部沿竖向加 φ12 mm 的顶模撑,间距 500 mm。

3)主、次梁模板的设计

采用 12 mm 厚多层板、50 mm×80 mm 方木配制成梁侧模板,12 mm 厚多层板配置梁底模板,梁底模板底楞下层为 80 mm×100 mm 方木,上层为 50 mm×80 mm 方木,间距 250 mm。加固梁侧采用双钢管对拉螺栓(φ18 mm),对拉螺栓设置数量按照以下原则执行:对拉螺栓纵向间距不大于 600 mm,最下排对拉螺栓距离梁模板底模不大于 300 mm,距离楼板模板不大于 300 mm。对拉螺栓采用 φ20PVC 套管,以便周转。梁上口用钢筋支撑,以保证梁上口宽度。梁底下部加一道对拉螺栓,既保证了梁底阴角的成形质量,同时与脚手架支撑构成早拆体系,在实际施工时,可根据情况,在满足条件的情况下实现局部早拆,加快模板周转。主、次梁模板设计如图 3.22 所示。

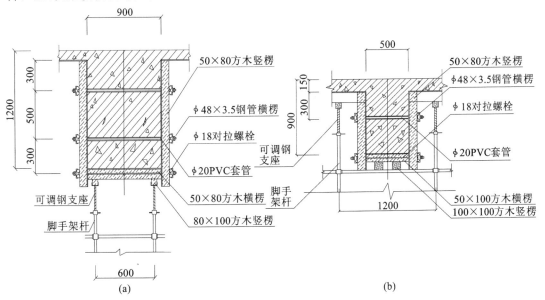

图 3.22 主、次梁模板设计图

注:图中梁宽、梁高为参考值。

4）满堂脚手架设计

满堂脚手架按每主、次梁方格内 16 根，间距 1000 mm×1000 mm 设计，梁底间距为 1500 mm×1000 mm，需另加立杆支撑，还应在梁底两侧立杆上搭设剪刀撑。脚手架设计简图如图 3.23 所示。

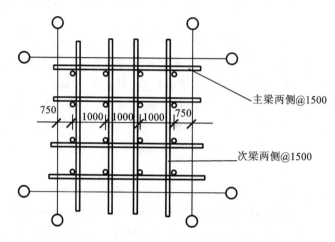

图 3.23　脚手架设计简图

满堂脚手架验算：满堂脚手架设计荷载按梁、板计算简图支座反力计算，按五跨铰支连续梁集中荷载计算，简图如图 3.24 所示。

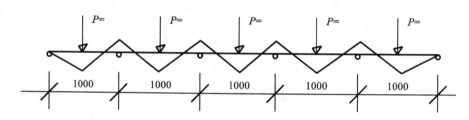

图 3.24　满堂脚手架验算简图

5）楼梯模板设计

楼梯模板采用踏步式定型封闭式钢模。按照楼梯的宽度、高度和长度，以及踏步的步数来配制钢模。梯段的底板模板施工完后，绑扎钢筋。钢筋绑扎好后，把定型钢模用塔吊吊入梯段上部固定，做法见图 3.25 所示。

6）基础梁模板设计

基础梁模板加固如图 3.26 所示。

3. 模板的支设工艺

1）准备工作

（1）材料准备：12 mm 厚多层板定型钢模（支撑系统：柱箍、钢管和扣件、方木、对拉螺栓）。

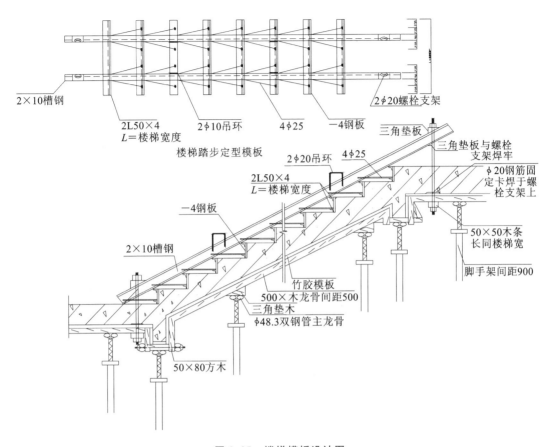

图 3.25 楼梯模板设计图

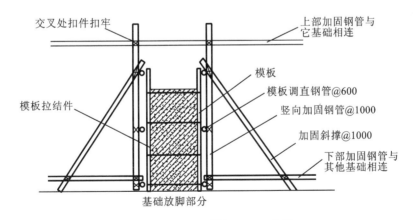

图 3.26 基础梁模板加固示意图

(2)机具准备:水准尺、线、线坠、钢卷尺、水准线、经纬仪、墨斗和操作人员的工具及配合模板安装的起重机械。

(3)模板设计准备:根据工程结构形式、特点及施工难度、现场条件,结合较复杂的节点模板进行设计和绘图。

2) 操作工艺

(1) 矩形柱模板安装工艺：将预先拼装好的单面模板，对照地面上的模板线进行组装，先将相邻两面模板竖立就位，临时用铁丝固定，其他两面模板按上述程序操作。

安装柱箍采用 $\phi 48.3$ mm 钢管，用连接件将柱模箍紧，柱箍的间距按混凝土侧压力大小计算确定。

(2) 安装拉杆或斜撑：柱模板每边按模板设计要求架设拉杆或斜撑(斜撑与地面夹角宜为 $45°$)。清扫模板内垃圾，封闭清理口。校正模板几何尺寸和垂直及中心线，检查模板支撑系统结构的合理性和可靠性。

工长组织作业队长及有关作业人员，对安装完毕的模板体系进行全面检查，填写模板分项质量检验评定表，请质量检查员核查。

质量检查员，除在模板安装过程中进行检查指导外，对安装好的模板进行质量核验，包括支撑系统的检查，并在质量验收表上签字。

(3) 剪力墙模板安装工艺：依地面上模板线安装门洞口模板，并安放预埋件，将预先安装好的模板一面安装就位，安装水平支撑或斜撑，水平支撑要相互连接，但不能与操作脚手架相连接。安装塑料套管穿对拉螺栓固定墙体厚度，也可采用新工艺制作的对拉螺栓(即能固定墙体厚度，又能拉紧双面模板的对拉螺栓)进行固定，其规定和间距在模板设计中确定，另一面墙体模板按上述程序进行操作，但要预先清理干净垃圾，才能组装另一面模板。

(4) 梁模板安装工艺：在钢筋混凝土柱子或其他便于操作的构件上弹出轴线和水平线。根据模板设计，安装钢顶柱或 $\phi 48.3$ mm 钢管和水平拉杆及斜支撑，若为群体梁时，水平拉杆可与柱、墙水平拉杆相连接，柱中间拉杆或下边拉杆要纵横设置，但不能与操作脚手架相连接。

按标高安装梁底模板，并拉线找直，进行起拱(按规范或设计图要求起拱)，一般起拱高度宜为梁跨长度的 $1/1000 \sim 3/1000$。

绑扎钢筋经检验合格后，清扫垃圾再安装侧模板。

用 $\phi 48.3$ mm 钢管做横楞，用附件固定在侧模板上，用梁托或三角架或 $\phi 48.3$ mm 竖向钢管固定横楞。横楞和三角架间距由计算确定，模板上口用定型卡子或钢管固定。

(5) 顶板模板安装工艺：楼板的支撑采用满堂脚手架，立杆间距 1.0 m，经荷载计算偏于安全，立柱支撑上下层支撑应在同一竖向中心线上。

安装剪刀撑时，满堂模板支架四边与中间每隔四排支架拉杆应设置一道纵向剪刀撑，由底至顶连续设置；高于 4 m 的模板支架，每隔 4 m 从立杆顶层开始向下每隔 2 步设置一道水平剪刀撑。

下层龙骨采用 80 mm×100 mm 方木，间距 1200 mm，上层龙骨采用 50 mm×80 mm 方木，间距 300 mm，最后敷设模板。调整立柱高度找平大龙骨。

敷设模板时，模板采用覆膜竹胶板，板夹缝贴双面胶。板的敷设要横平竖直拼缝严密。

作业对架设完毕的楼板体系自己做全面检查，然后用水平仪测量模板面层标高进行校正。

4. 模板拆除

梁柱侧模当混凝土强度能保证结构构件不变形，其表面及棱角不被损害，并满足同条件拆模试块强度不低于 1.2 MPa 时,方可拆除。

拆除前先确定早拆支撑杆,拆模时早拆支撑杆必须要连接加固处理。拆模次序为:转动立杆上部的早拆头(丝杠),降低龙骨,拆除方木及板模板,按照 1.2 m 步距加固早拆支撑杆,拆除立杆,加固梁下早拆支撑杆,拆除梁底模板。模板早拆体系拆除时,工程技术人员必须到施工现场指挥,早拆体系支撑杆严禁先拆后支,应按照设计要求检查验收后,方可进行上部结构施工。

墙柱拆除时间为两天后,并根据混凝土及天气情况适当调整。

模板拆除后应立即清理干净,刷脱模剂。新模板进场,必须先刷脱模剂方可堆放使用,拆下的扣件及时集中、清洗。

5. 质量控制及成品保护

模板进场前要进行验收,主要检查模板的平整度、模板的接缝情况、加工精度、支架焊接情况等。

模板在重复使用前必须把黏附在板面、板边的水泥浆清除干净,对因拆除而损坏边肋的模板、翘曲弯形的模板进行平整、修复,保证接缝严密,板面平整。模板面应涂刷脱模剂,未刷脱模剂的模板不准用在本工程上,确保混凝土表面的外观质量。事先必须准备好刷脱模剂用的所有工具。

模板安装应按"模板方案"进行,要修改时必须经项目部相关人员研究同意。柱、墙模板安装应在楼层放线、验线之后进行。放线时要弹出中心线、边线、支模控制线。

柱模板根部位置的固定是保证柱子垂直度、柱中线位移误差在允许偏差范围内的关键环节。本工程采用钢管斜撑的方法,凡是中心柱,每边设 2 根斜撑,每柱共 8 根斜撑;凡是边柱,当一侧不能布置斜撑时,应在内侧加水平拉杆二道。所有拉杆和斜撑应与内满堂架连成整体,模板拼缝要求严密,必须用胶带粘贴,防止拼缝漏浆。

成排柱子支模前,先将底部弹出通线,将柱子位置找正。柱子支模前,必须先校正钢筋位置,柱子模板上口要安放钢筋定位套,以保证柱主筋位置和混凝土保护层厚度。

成排柱子支模时,应先支两端柱模,校对与复核无误后,顶部拉通长线,再立中间柱模。柱距大于等于 4.2 m 时,柱间用剪刀撑及水平撑搭牢,否则各柱单独拉四面斜撑,保证柱子位置准确。

框架梁的跨度大于等于 4.0 m 时,模板应起拱,起拱高度为跨度的 1/1000~3/1000。

在混凝土强度能保证墙柱侧模表面及棱角不因拆除模板而受损坏后,方可拆除模板。

(七)脚手架工程

1. 简介

本工程施工外脚手架主要用于主体结构施工阶段的安全防护,亦作为外墙装修阶段的操作架。

2. 体系选择

下部一至三层采用落地式双排脚手架,上部三层以上采用悬挑式脚手架。

3. 外脚手架搭设方法

立杆基础的地基分层夯实、夯平,横向排水坡度 5‰,外排立杆处垫层上标高为 −1.2 m。

垫板采用厚 5 cm、宽 20 cm、长 4 m 的落叶松木板,长边与外轴线平行,并无腐烂、结疤的材料。钢管底座采用成品圆形铸铁底盘。

纵向扫地杆采用直角扣件固定在距底座上皮 200 mm 处的立杆上,横向扫地杆采用直角扣件固定在紧靠纵向扫地杆下方的立杆上。

在标准层楼板上预埋锚环,间距 300 mm,用型钢作悬挑杆,伸出墙面 1500 mm,其上搭设扣件式钢管脚手架,内外立杆间距 1000 mm。

在主楼外檐搭设作为结构施工的悬挑脚手架,其立杆间距为 1000 mm,步距为 1500 mm,搭设高度为 185 m(按一次搭设 5 层层高计)。

4. 外脚手架防护及操作要点

1) 安全防护

脚手架外侧面采用绿色密目安全网全封闭,底层设安全兜网。安全网在国家安检部门定点生产厂购买,三证齐全。进场后,经项目部安全员、材料员验收,合格后方可投入使用。

外脚手架在操作层满铺脚手板,每次暴风雨来临前,必须对脚手架进行加固;暴风雨过后,要对脚手架进行检查、观测。若有异常应及时进行矫正或加固,确保安全。

2) 操作要点

底立杆按立杆接长要求选择不同长度的钢管交错设置,至少应有两种合适的、不同长度的钢管做立杆。设置第一排连墙件时,应每隔 6 跨设一抛撑,确保架子稳定。一定要采取先搭设起始段而后向前延伸的方式,如两组工人同时作业,可分别从对角开始搭设。

连墙件和剪刀撑应及时设置,滞后不得超过 2 步。杆件端部伸出扣件之外的长度不得小于 100 mm。

剪刀撑的斜杆与基本构架杆件之间至少有 3 道连接,其中,斜杆的对接或搭接接头部位至少有 1 道连接。

周边脚手架的大横杆必须在角部交圈并与立杆连接固定。作业层的栏杆的挡脚板应设在立杆的内侧。栏杆接长也应符合对接或搭接的相关规定。

脚手架必须随施工楼层的增加同步搭设,搭设高度超过施工作业面至少 1200 mm。作业层脚手架应满铺脚手板,长度小于 2 m 时,可采用两根横向水平杆支撑,但应将脚手板两端与其可靠固定,严防倾翻。脚手板对接平铺时,接头处必须设两根横向水平杆,脚手板外伸长度应取 130~150 mm,脚手板搭接敷设时,接头必须支在横向水平杆上,搭接长度应大于 200 mm,其伸出横向水平杆的长度不应小于 100 mm。

大横杆应作为横向水平杆的支座,用直角扣件固定在立杆上。立杆接头除顶层顶部可采用搭接外,其余各层各部接头必须采用对接扣件连接。

标准层以上脚手架应在拐角设置横向斜撑,并且在中间每隔 6 跨设置一道,斜撑在同一节间由底至顶层呈之字型连续布置。

3) 搭设的质量要求

扣件及钢管的质量必须符合规范的有关要求。立杆垂直度最后验收允许偏差 100 mm,搭设中检查时每 2 m 高允许偏差 ±7 mm 验收。

步距间距偏差允许 ±20 mm,立杆纵距偏差允许 ±50 mm,立杆排距偏差允许 ±20 mm。

一根大横杆的两端高差允许偏差 ±20 mm,在每一个立杆纵距内允许偏差 ±10 mm,每片脚手架总长度允许偏差±50 mm。

5. 斜道搭设要求

斜道附着外脚手架或建筑物设置。运料斜道宽度不宜小于1.5 m,坡度采用1∶6;人行斜道宽度不小于1 m,坡度宜采用1∶3。拐弯处应设置休息平台,其宽度不应小于斜道宽度。斜道两侧及平台外围均应设置栏杆及挡脚板,栏杆高度为1.2 m,挡脚板高度不应小于180 mm。

斜道脚手板构造应符合下列规定:①脚手板横铺时,应在横向水平杆增设纵向支托杆,纵向支托杆间距不应大于500 mm;②脚手板顺铺时,接头宜采用搭接,下面的板头应压住上面的板头,板头的凸棱处宜采用三角木填顺;人行斜道和运料斜道的脚手板应每隔250~300 mm设置一根防滑木条,木条厚度宜采用20~30 mm。

6. 脚手架的拆除

拆除脚手架前应检查脚手架的连接、支撑体系是否符合构造要求;应清除脚手架上杂物及地面障碍物。

拆除脚手架应符合下列规定:①拆除作业必须由上而下逐层作业,严禁上下同时作业。②连墙件必须随脚手架逐层拆除,分段拆除高差不应大于2步,如高差大于2步,应增设连墙件加固。③当脚手架拆至下部最后一根立杆的高度时,应先在适当位置搭设临时抛撑加固后,再拆除连墙件。④当脚手架采取分段、分立面拆除时,对不拆除的脚手架两端,应设置连墙件和横向加固。⑤拆除时严禁将扣件及钢管从高空抛掷地面,应将运至地面的扣件及时检查、整修和保养,并按品种、规格码堆存放。

7. 脚手架的安全管理

(1) 脚手架搭设人员必须持证上岗,并且定期体检,合格者方可上岗。

(2) 脚手架搭设人员必须戴安全帽、系安全带、穿防滑鞋。

(3) 脚手架上进行电、气焊作业,必须有防火措施和专人看守。

(4) 搭拆脚手架时,地面应设置围栏和警戒措施,派专人看守,严禁非操作人员入内。

(5) 脚手架搭设应按规定设置接地、避雷。

(6) 脚手架搭设应定期进行检查。

(7) 当有六级及六级以上大风和雾、雨、雪天气时,应停止脚手架搭设与拆除作业。雨雪后上架作业应有防滑措施,并扫除积雪。

(8) 脚手架基础临近处,不得随便进行挖掘作业,应经专业人员批准并采取安全措施后方可作业。

(9) 脚手架作业层施工荷载应符合设计要求,不得超载。不得将模板支架、揽风绳、泵送混凝土和砂浆的输送管道等放在脚手架上,严禁悬挂起重设备等。

(八)砌体工程

1. 工程简介

本工程砌体工程主要用在内、外隔墙,主要为加气混凝土块墙体。

2. 施工方案

在主体模板拆除后,即可进行砌体的施工。砂浆要有较好的和易性和保水性,砌筑时,砂浆随拌随用,混合砂浆必须在当天用完,不得用过夜砂浆,砂浆严格按配比进行。

砌体水平灰缝厚度不大于15 mm,竖直灰缝不大于20 mm,水平灰缝应平直、饱满,竖直缝用内外临时夹板灌缝,砂浆饱满度不小于80%。

墙体砌筑要按规定留置砂浆试块,墙体施工时,应与其他安装专业紧密配合,保证预留预埋的及时准确,避免事后剔凿打洞。

木砖设置的门窗洞口处应埋设楔形木砖,应小面在外,大面在内,每边埋设4块,木砖预埋前应做好防腐处理。

3. 材料要求

材料进场前,必须提供出厂证明及合格证,进场后按规范要求抽验、送试验室复试后方可使用。

所用水泥、砂、水、灰膏等原材料必须经检验合格,且水泥必须具备出厂合格证及3天、28天强度报告。

4. 砌筑技术措施

砌体与混凝土柱或墙之间要用拉结筋连接,使两者连成整体。

砌体顶部与框架梁板接槎处采用侧向或斜向实心砖砌筑,填充墙砌至接近梁板底时,应留一定空隙,并至少间隔14天后,再将其用实心砖补砌挤紧,避免以后裂缝的产生。

砌体长度超过层高的2倍或5 m时,中间应加设构造柱,高度超过4 m,墙中间或门洞上应设置与柱连接且沿隔墙全长贯通的钢筋混凝土水平系梁(即圈梁)。

砌块要提前一天浇水湿润,砂浆灌缝要饱满,尤其立缝,施工过程中极易忽视。如果砂浆不饱满,透缝,隔音效果不好,整体性就差。

砌体工程应紧密配合安装各专业预留预埋进行,合理组织施工,减少不必要的损失和浪费。

本工程的拉结筋采用后植筋技术,规格为2ϕ6,长度不小于1 m,间距为500 mm。

砌筑时应先外后内,在每层开始时,应从转角处或定位砌块处开始,吊一皮,校一皮,皮皮拉线控制砌块标高和墙面平整度。砌筑应做到横平竖直,砂浆饱满,接槎可靠,灌缝严密。

应经常检查脚手架是否足够坚固,支撑是否牢靠,连接是否安全,不应在脚手架上放置重物品。

5. 施工要点

砌筑前,应将砌筑部位清理干净,应在砌筑位置上弹出墙边线,然后按边线逐皮砌筑,一道墙可先砌两头的砖,再拉准线砌中间部位。第一皮砌筑时应试摆。砌筑前应提前2天,浇水湿润,砌筑时应向砌筑面适量浇水。

在墙的转角处及交接处立起皮数杆(皮数杆间距不超过15 m,过长应在中间加立),在皮数杆之间拉准线,依准线逐皮砌筑,其中第一皮砖按墙身边线砌筑。

加气混凝土块墙水平灰缝15 mm,竖缝宽度为20 mm,水平灰缝的砂浆饱满度不得小于80%,竖缝宜采用三点加浆方法,不得出现透明缝,严禁用水冲浆灌缝。

填充墙砌筑时应错缝搭砌,砌块搭接长度不应小于砌块长度的1/3。

墙的转角处和交接处应同时砌起,对不能同时砌起而必须留槎时,应砌成斜槎,斜槎长度不应小于斜槎高度的2/3。如留斜槎确有困难,除转角处外,可留直槎,但直槎必须做成凸槎,并加设拉结筋,拉结筋的数量为每半砖厚墙放置 1 根直径 6 mm 的钢筋,间距沿墙高不得超过 500 mm,埋入长度从墙的留槎处算起,每边均不小于 500 mm,钢筋末端应有 90°弯钩。

墙中留置临时施工洞口时,其侧边离转角处的墙面不应小于 500 mm。洞口顶部宜设置过梁,也可在洞口上部采取逐层挑砖办法封口,并预埋水平拉结筋。洞口净宽不应超过 1 m,临时施工洞口补砌时,洞口周围砖块表面应清理干净,并浇水湿润,再用与原墙相同的材料补砌严密。

墙中的洞口、管道、沟槽和预埋件等应于砌筑时正确留出或预埋,宽度超过 300 mm 的洞口应砌筑平拱或设置过梁。管线槽留置的,可采用弹线定位后用凿子凿槽或用开槽机开槽,不得采用斩砖预留槽的方法。

砌墙每天砌筑高度不得超过 1.5 m。

6. 质量要求

所用水泥、砂、砌块必须经国家认证计量单位检验合格。砌块强度必须符合设计要求,按规范规定取样,分别进行抗压强度和抗折强度试验。

砂浆强度必须符合设计要求。砂浆试块留置原则:每一检验批且不超过 250 m³ 砌体中的各种强度等级的砂浆,每台搅拌机至少检查一次,每次至少制作一组试块(每组 3 块)。如配合比或砂浆强度等级变更时,还要制作试块。

(九)装饰装修工程

1. 楼(地)面工程

1) 水泥砂浆楼(地)面

(1) 材料要求。水泥采用硅酸盐水泥或普通硅酸盐水泥,强度等级不应低于 42.5 级,严禁混用不同品种和不同等级的水泥。砂应采用中砂或中、粗混合砂,其含泥量不得大于 3%。面层水泥砂浆的配合比宜不低于 1∶2,其稠度不大于 3.5 cm,须拌合均匀,颜色一致,通常调制成以手握成团并稍见冒浆为宜。

(2) 找规矩。找规矩有以下两项工作:

① 弹基准线:楼(地)面抹灰前,应先在四周墙面弹出水平基准线,作为确定水泥砂浆面层标高的依据。水平基准线是以地面±0.000 及楼层砌墙前的抄平点为依据,将楼层+50 cm 线弹在墙上。

② 做标筋:根据水平基准线再将面层上皮的水平辅助基准线弹出,即可做标筋。面积不大的房间,可根据水平基准线直接用长木杠抹标筋,施工中经几次复核尺寸即可。面积较大的房间,应根据基准线在四周墙角处每隔 1.5~2.0 m 用 1∶2 水泥砂浆做灰饼。待灰饼硬结后,再依灰饼高度做出纵横方向通长的标筋以控制面层铺抹厚度。

(3) 施工操作。先将基层清扫干净,后浇水湿润。刷一道水泥浆结合层,随即进行面层铺抹。面层铺抹方法是在标筋之间铺砂浆,随铺随用 2 m 刮尺以冲筋标高为准反复搓刮平整并拍实,在砂浆收水初凝前,再用木抹子搓平,用铁抹子压出水光。当水泥砂浆开始初凝时,即上人踏踩有足印但不塌陷,用铁抹子压第二遍,做到压实、压光、不漏压,并把凹坑、砂眼和脚印等均填补压平。待水泥砂浆凝结前,试抹不显抹纹时,再用铁抹子压第三遍,抹压用力加大,使表面压平、压实、压光。

当地面面积较大、设计要求分格时,需弹出分格线,在面层砂浆刮抹搓平后,依分格线位置先用抹子搓出一条约一抹子宽的面层,再用铁抹子压光,用分割器压缝,做到分格平直、深浅一致。当水泥砂浆面层内因埋设管线等出现局部厚度减薄时,应按设计要求做好防止面层开裂措施后方可施工。

水泥沙浆面层抹压完工后,在常温下铺盖草帘子浇水养护。浇水应适时,夏天一般是 24 h 后浇水养护。养护期间不少于 7 天,如采用矿渣水泥要延长至 14 天。面层强度达到 5 MPa 时,允许上人。

(4) 常见质量问题及防治。

① 地面起砂。水泥过期或者强度不够,水泥砂浆搅拌不均匀,水灰比掌握不准,压光不适时等均会造成地面起砂。施工用水泥应符合材质要求,严格控制配合比,压光应在砂浆终凝前完成。

② 空鼓裂纹。原因是基层清理不干净,前一天没认真洒水湿润,涂刷水泥浆与铺灰操作工序的时间间隔过长等。施工应保证用料符合要求,基层清理应认真,铺灰、压实、压光应掌握好时间,保证垫层、面层应有的厚度。

③ 地面不平和漏压。水泥沙浆敷设后压边角、管根部刮杠不到头,搓平不到边,容易漏压或不平。施工时应认真操作。

④ 倒泛水。有垫层的地面在做垫层时坡度没有找准。面层施工前应检查基层泛水是否符合要求,面层施工冲筋时找好泛水。

⑤ 成品保护。施工操作时保护已做完的工程项目,门框要加防护,避免推车损坏门框及墙面口角;保护好管线、设备等,不得碰撞移动位置;保护地漏、出水口等部位,必须加临时堵口,以免灌入砂浆等造成堵塞。

⑥ 地面注意养护,禁止剔凿孔洞。

2) 水磨石(楼)地面

(1) 材料准备要求。

① 水泥:深色水磨石面层,宜采用硅酸盐水泥、普通硅酸盐水泥或矿渣水泥,其强度等级不应小于 32.5 级,白色或浅色水磨石面层,应采用白水泥。同颜色的面层应使用同一批水泥。

② 石粒:应用坚硬可磨的岩石(如白云石、大理石等)加工而成。石粒应有棱角、洁净、无杂质,其粒径除特殊要求外,宜为 4~14 mm。石粒应分批按不同品种、规格、色彩堆放在席子上保管,使用前应用水冲洗干净,凉干待用。

③ 颜料:应采用耐光、耐碱的矿物颜料,不得使用酸性颜料。同一彩色面层应使用同厂同批的颜料。

④ 分格条:采用铜条或玻璃条(在公共场所不应用玻璃条),亦可用彩色塑料条。

⑤ 机具准备:水磨石机、滚筒(直径一般 200~250 mm,长 600~700 mm,混凝土或铁制)、刮杠、木抹子、毛刷、手推车、铁锹、筛子(5 mm 孔径)、油石(规格按粗、中、细)、水桶、扫帚等。

(2) 施工现场要求。安装好门框并加防护,与地面有关的水、电等管线已安装就位且办完隐验手续,穿过地面的管洞已堵严实。做完地面垫层,按标高留出水磨石厚度(不小于30 mm)。石料分别过筛,并洗净无杂物。墙面抹灰已完成并已验收,屋面已做完防水层。

(3)施工试验计划。水磨石所用的水泥、石粒、颜料等原材料应按照相应的规定取样检验,合格后方可用于工程。水磨石拌和料的配合比应符合设计要求,按规定做配合比试验并出具试验报告。

(4)施工工艺流程。

(5)工艺要求。

① 基层清理:基层应平整,满足标准要求,表面应保持洁净、粗糙、湿润并不得有积水,对水泥类基层其抗压强度不得小于1.2 MPa,并且敷设前宜刷一道界面处理剂。

② 放线分格、镶分格条:按设计要求图案分格弹线,分格时以美观大方为分格的首要条件。特殊图案分格前应预先放样,分格条用水泥稠浆在嵌条的两边予以埋牢,高度比嵌条低5 mm,分格嵌条应一致,作为敷设面层的标准。当分格条为铜条时,应钻眼穿铜丝埋于石子浆内。

③ 拌水磨石拌和料:水磨石拌和料必须计量准确,拌和均匀,先将水泥与颜料过筛后干拌均匀,再掺入石粒合均匀后加水搅拌。水磨石拌和料的稠度约60 mm。

④ 刷水泥砂浆结合层:在敷设面层之前,应涂刷水灰比为0.4~0.5的水泥浆一层。

⑤ 铺水磨石料:铺水磨石拌和料应随倒随铺,铺水磨石拌和料的敷设要高出分格条1~2 mm,要铺平整。

⑥ 滚压密实:水磨石料敷设完毕不要用刮杆刮平,应先用滚筒滚压密实,滚压时要两个方向纵横分别压,发现表面石子偏少,可在水泥砂浆较多处撒石子并拍平,增加美观,待表面出浆后,用抹子抹平。

⑦ 试磨:开磨前应先试磨,以表面石粒不松动方可开磨。通常经验时间为2~3天。

⑧ 磨光:水磨石面层应使用磨石机分次磨光(至少磨三遍)。头遍用60~90♯粗金刚石磨,边磨边加水,要求磨匀磨平,使全部分格条外露,磨后将水泥浆冲洗干净。用同色水泥浆满涂,以填补面层所呈现的细小孔隙和凹痕,蜂窝掉粒处应补嵌石粒(其后每磨一遍后,涂水泥浆和补嵌石粒相同),适当养护后再磨;二遍用90~120♯金刚石磨,要求磨到表面光滑为止,其他同头遍;三遍用200♯金刚石磨,磨至表面石子粒粒显露,平整光滑,无砂眼细孔,用水冲洗。高级水磨石面层应适当增加磨光遍数及提高油石的号数至1000♯左右。机磨磨不到的部位,用手工提前打磨,否则强度高了手工磨不动。

⑨ 清洗:清洗时用草酸涂一遍,用240~360♯油石磨,研磨至出白浆,表面光滑为止,然后用水冲洗晾干。

⑩ 打蜡:应在不影响面层质量的其他工序全部进行完成后进行。可用成品蜡包在薄包内,在面层上薄薄涂一层,待干后再用粗布或细帆布等手工打磨或装在磨盘上研磨,直到光滑亮洁为止,上蜡后铺锯末进行养护。

⑪ 踢脚板：基层应清理干净，在踢脚上口弹控制线，预埋玻璃条或塑料条以控制踢脚板的出墙厚度。抹面前一天充分浇水湿润，抹面时先在基层上刷一度素水泥浆，水灰比控制在 0.4 左右，并随刷随抹水泥石子浆。一次粉抹厚度以 10 mm 为宜，粉抹过厚应分层操作，要抹压密实。由于踢脚板面积较窄，且立面不好采用机磨，所以多以人工磨光。磨光时间宜比机磨要提前，以免强度过高磨不动。常温下养护 24 h 后开始人工磨面。施工完毕，检查楼梯踏步的宽度、高度是否符合设计要求。楼层梯段相邻踏步高度差不应大于 10 mm，每踏步两端宽度差不应大于 10 mm，旋转楼梯梯段的每踏步两端宽度的允许偏差为 5 mm。楼梯踏步的齿角应整齐，防滑条应顺直。

(6) 成品保护。施工时，应注意不得碰坏水、电管路及其他设备。进行机磨水磨石面层时，研磨的水泥废浆应及时清除，不得流入下水口及地漏内，以防堵塞。水磨石施工时，墙面、门框应加以保护。水磨石面层完工后在养护过程中应进行遮盖的拦挡，避免受侵害。

(7) 常见的质量问题及防治措施。面层水泥石子浆虚铺厚度一般比分格条高出 5 mm 为宜，待用滚筒压实后，则比分格条高出约 1 mm，第一遍磨完后，分格条就能全部清晰外露。

磨石地面施工前，应准备好一定数量的磨石机。面层施工时敷设速度应与磨光速度（指第一遍磨光速度）相协调，避免开磨时间过迟。

第一遍磨光应用 60～90♯ 的粗镏金刚砂磨石，以加大其磨损量。同时磨光时应控制浇水速度，浇水量不应过大，使面层保持一定浓度的磨浆水。

面层敷设厚度应与石子粒径相一致，小八厘为 10～12 mm，中八厘为 12～15 mm，掺有一定数量大八厘的为 18～20 mm。掌握好水泥石子浆的配合比，采用好滚压工艺。当不用干撒石子时，水泥∶石子为 1∶2.8～1∶3（体积比），当采用干撒滚压工艺时，水泥∶石子为 1∶1.5（体积比），干撒石子数量控制在 9.5～10.5 kg/m²。

在踢脚和边角处，使用机械不宜磨到边的地方，采用人工提前磨光，磨光遍数应同前面相同，以达到石子显露清晰。

控制面层的虚铺厚度和面层水泥石子浆虚铺厚度一般比分格条高出 5 mm 为宜，待用滚筒压实后，则比分格条高出约 1 mm。

滚筒滚压前，应先用铁抹子或木抹子在分格条两边约 100 mm 的范围内轻轻拍实，并将抹子顺条处往里稍倾斜压出一个小八字，这既可检查面层虚铺厚度是否恰当，又能防止石子在滚压过程中挤坏分格缝。

滚筒滚压过程中，应用扫帚随时扫掉黏附在滚筒上或分格条上的石子，防止滚筒和分格条之间存在石子而压坏分格条。

分格条应粘贴牢固。敷设面层前应仔细检查一遍，发现粘贴不牢而松动或弯曲的，应及时更换。

正确掌握分格条两边砂浆的粘贴高度和水平方向的角度，砂浆粘贴高度一般为分格条高度的 2/3，与水平方向的夹角为 30°～50°。

分格条在十字交叉处的粘贴砂浆，应留出 15～20 mm 的空隙，这在敷设面层水泥石子浆时，石子就能靠近十字交叉处，磨光后，石子显露清晰，外形也较美观。

滚筒滚压时，应在两个方向（最好采用"米"字形 4 个方向）反复碾压，如碾压后发现分格条两侧或十字交叉处浆多石少，应立即补撒石子，尽量使石子密集。

砂浆以采用干硬性水泥浆为宜,水泥石子浆的配合比应正确。

打蜡之前应涂草酸溶液。溶液的配合比可用热水：草酸=1：0.35(质量比),溶化冷却后用。溶液洒于地面,并用油石打磨一遍后,用清水冲洗干净。禁止用撒粉状草酸干擦的施工方法。

打蜡工序应在地面干燥后进行,应避免在地面潮湿状态下打蜡,也不应在地面被弄脏后打蜡。打蜡时,蜡层应薄而匀,操作者应穿干净的拖鞋。

固定界格条的砂浆在界格条十字交叉点处,应留出15~20 mm的空隙,利于水泥石子拌和物的密实。

3)地面砖楼地面

(1)总则。大面积铺贴地砖前先做样板间,检查合格后再大面积展开。

铺贴前有专人对地砖进行挑选,对外形歪斜、缺棱角、翘棱、裂缝、颜色不均匀的剔除。不同规格的砖要分别堆放;在清理好的基层上,浇水浸透,撒素水泥面用扫帚扫匀,随扫浆随铺灰。

材料应符合规定,水泥砂浆结合层10~15 mm,水泥砂浆体积比1：3,稠度25~35 mm。面层铺贴前基层清理干净、粗糙、湿润,不得积水。应对砖的规格尺寸、外观质量、色泽等进行预选,并应浸水湿润后晾干待用。面砖应紧密、坚实,砂浆应饱满,并严格控制标高。做好各道工序的检查和复验工作。

(2)操作方法。

① 基层清理:在清理好的地面上找好规矩和泛水,扫好水泥浆,再按地面标高留出水泥面砖厚度做灰饼,用1：3砂浆冲筋、刮平,刮平时砂浆要拍实划毛并浇水养护等。

② 浸水湿润:铺贴前,应先将面砖浸水2~3 h,致无气泡放出为止,再取出阴干后使用。

③ 铺贴顺序:铺贴时对房间进行规方、找平、预铺、预排,确定排列方案。从房间有窗的一面向门口铺贴,要保证缝宽一致,接缝顺直。大面积铺贴应分段按顺序铺贴,拉线镶贴。为了严格控制砖缝,宜用二胡线或尼龙线挂线。

从建筑标高线下向上得出底灰上皮的标高,在该标高高度处抹灰饼,从房间一侧开始,每隔1 m左右冲筋一道。有地漏的房间由四周向地漏方向放射形冲筋,并找好坡度。

沿房间纵横两个方向排好尺寸,缝宽以不大于2 mm为准,相通的房间要通缝,排砖要对称布置。当尺寸不足整块砖的模数时,要裁割用于边角处,根据已确定好的砖数和缝宽,在地面上弹纵横控制线,并严格控制好方正。

铺砖从门口开始,纵向先铺几行砖,找好位置和标高。以此为筋进行拉线、铺砖,从里向外退铺,每块砖跟线。砖背面的黏结砂浆的配合比不小于1：2.5,厚度不小于10 mm,黏结砂浆随伴随用。

铺砖时,地面黏结层的水泥砂浆,拍实搓平。面砖背面要清扫干净,先刷一层水泥浆,随刷随铺,就位后用皮锤敲实。注意控制黏结层砂浆厚度,尽量减少敲击。在铺贴过程中,如出现非整砖时用石材切割机切割。

④ 铺踢脚板:踢脚板一般是用与地面块材同样的材料,踢脚板的立缝与地面砖缝对齐,敷设时在房间阴角两头各铺一专用砖,出墙厚度与高度符合设计要求,并以此砖上楞为标准、挂线。踢脚板部位打底时宜比墙面凹5 mm左右,黏结砂浆配比为1：2的水泥砂浆,要

与拉线齐平并拍实,并及时将砖缝挤出的砂浆用棉纱擦洗干净。本工程的踢脚板为花岗岩踢脚板,其做法同前。踢脚板出墙面的厚度宜为 5 mm 左右。

⑤ 填缝养护:地面砖全部铺完后,顺缝擦干净。完工后 24 h 后浇水养护。但必须特别强调,完工 3~4 天内不得上人踩踏。验收前地面最后嵌缝。

(3) 常见的质量问题及防治。

① 地面超高:主要是标高控制不好或黏结砂浆过厚。施工时应对标高认真核对,并严格控制每道工序的厚度,防止超高。

② 地面铺贴不平,出现高低差:主要原因是由于砖的厚度不一致,没严格挑选,或铺贴时没铺平或粘结层过厚,上人过早。施工前要严格选砖,铺贴时要拍实。

③ 地面面层及踢脚空鼓:严禁空鼓、缺棱、掉角和裂缝,要求表面平整、洁净、色泽协调一致,接缝填嵌密实、平直,宽窄一致,排砖正确。

地漏和供排水带有坡度的地面,坡度符合设计要求,不倒泛水,无积水,与地漏等结合处套割严密。

(4) 成品保护。严禁在铺好的地砖上拌合砂浆。在地砖砂浆强度未达到之前严禁上人进行其他工种的操作。其他油漆、管线安装施工前应对地面进行覆盖保护。

2. 抹灰工程

1) 作业条件

结构施工完毕主体验收合格后开始抹灰,抹灰前检验门框的安装位置是否正确,与墙体连接是否牢固,连接处用掺入少量麻刀的 1∶3 的水泥砂浆分层嵌塞密实。清理墙体表面的灰尘、油污,并洒水湿润。大面积施工前,先做样板,经各方面确认后再大面积施工。

2) 材料及机具准备

普通硅酸盐水泥,有出厂证明和复试报告。中砂,使用前过 5 mm 孔径的筛子,进场后复试,各种物质含量指标符合设计要求。

主要机具有砂浆搅拌机、手推车、2 m 靠尺、抹子、灰桶等。

3) 工艺流程

墙面清理→湿润墙面→基层处理→吊垂直、套方、抹灰饼、冲筋→弹灰层控制线→抹底层砂浆→湿润、刮素水泥膏→抹罩面灰→养护。

4) 操作要点

按基层表面平整垂直情况吊垂直、套方、找规矩,经检查确定抹灰厚度,但最少不应小于 7 mm,灰饼用 1∶3 水泥砂浆抹成 5 cm×5 cm 方形。

(1) 墙面冲筋:用与抹灰层相同砂浆冲筋,冲筋的根数根据房间的宽度和高度决定,筋宽为 3 cm。

(2) 抹底灰:冲筋结束 2 h 后抹底灰,分层装档,找平,用大杠垂直水平刮找一遍,用木抹子搓毛,然后全面检查底子灰是否平整,保证阴阳角方正,管道处灰抹齐,墙与顶板交接处光滑平整,并用托线板检查墙面的垂直与平整情况,抹灰后及时清理散落在地上的砂浆。

修补预留孔洞、电器箱槽、盒,当底灰抹平后,专人对预留孔洞、电器箱槽、盒周边 5 cm 处进行处理。

(3) 抹罩面灰：当底灰抹好后，第二天即开始抹罩面灰（如底灰过干要浇水湿润），两人同时操作，一人薄薄刮一遍，另一人随即抹平，按先上后下顺序进行，再赶光压实，然后用铁抹子压一遍，最后用塑料抹子压光。

(4) 做水泥护角：水泥护角在打底灰前做。室内墙面和门洞口阳角用 1∶3 水泥砂浆打底找平，待砂浆稍干后，再用 801 胶素水泥膏抹成小圆角，每侧宽度不小于 5 cm，门洞口护角做完后，及时清理门框上的水泥浆。

5) 常见质量通病预控

(1) 防止墙面空鼓、开裂。抹灰前基层必须清理干净彻底，因为加气混凝土块吸水性比较大，抹灰前墙体必须提前 2～3 天洒水湿润，每层灰不能抹得太厚，抹灰的强度标号不能太高，混凝土基层表面酥皮剔除干净，施工后及时浇水养护。对于混凝土柱、梁与墙面交接部位要订钢丝网，防止裂缝。

(2) 防止抹灰面层起泡、抹纹、爆灰、开花。抹完罩面灰后，压光不得跟得太紧，以免压光后多余的水汽化后产生起泡现象。抹罩面灰前底层湿度应满足规范要求，过干时，罩面灰水分很快会被底灰吸收，压光时容易出现漏压或压光困难，若浇的水分过多，抹罩面灰后，水浮在灰层表面，压光后容易出现抹纹。

(3) 防止面层接槎不平，颜色不一。槎子按规矩甩，留槎平整，接槎留置在不显眼的地方，施工前基层浇水应浇透，另外，所使用的水泥应同品种、同批号进场。

(4) 为避免踢脚板上口出墙厚度不一致，操作时要认真按规范要求吊垂直，拉线、找平、找方，对上口的处理，应待大面积抹完后，及时返尺把上口抹平、压光，取走靠尺后用阳角抿成小圆。

(5) 顶棚阴角处阴角不顺直，抹灰时没有横竖刮杠。为保证阴角的顺直，必须用横杠检查灰底是否平整，修整后方可罩面。

3. 饰面板(砖)工程

1) 材料要求

p.o32.5 水泥有出厂证明及试验报告，砂子为中砂，用 3 mm 筛子过滤，釉面砖表面平整，边角整齐，尺寸误差符合要求。

2) 作业条件

预留孔洞及上下排水管处理完毕，需要做包管处理的管道已包封完毕。墙面防水层已施工完毕。电盒电箱的出墙面厚度满足贴砖装饰要求。室内吊顶高度已确定。门窗洞口的门窗框安装并塞口处理完毕。大面积粘贴瓷砖前先做样板墙间，经检查合格后再大面积展开；粘贴前有专人对瓷砖进行挑选，对外形歪斜、缺棱、掉角、翘棱、裂缝、颜色不均匀的剔除，不同规格的砖分别堆放。

3) 施工工艺

工艺流程：基层处理→吊垂直、套方、找规矩→贴灰饼→抹底层砂浆→弹线→排砖→浸砖→镶贴瓷砖→瓷砖勾缝与擦缝。

墙面基层清理、吊垂直、冲筋，混凝土表面须经过"毛化处理"，先用废瓷砖按粘结层的厚度用混合砂浆贴灰饼。将砖的棱角翘出，以棱间作为标准，上下用托线板挂直，横向用长的靠尺杆靠直。灰饼间距 1.5 m 左右，然后用 1∶3 水泥砂浆打底灰，表面找平，用抹子槎平，砂浆厚度 15 mm。

待基层灰六至七层干时,即可按设计图要求排砖,一般把不成整块的瓷砖留在阴角,并按排砖方案要求在底灰上弹竖向分格线。

贴面砖时,先浇水湿润墙面,再根据已弹好的水平线,在最下面一皮砖的下口放好垫尺板,并注意地漏的标高和位置,然后用水平尺检验,作为贴第一皮砖的依据,贴时由下往上逐层粘贴。

瓷砖粘贴前提前一天浸泡 2~3 h,取出后阴干待用,可防止黏结砂浆早期脱水,失去黏结作用。

瓷砖采用内掺 2%~3% 水泥用量 801 胶的 1:1 水泥细砂浆粘贴,粘贴时,先在墙阳角处贴两竖行,以控制墙面平整度,然后拉尼龙线粘贴中间部分墙面砖。墙长超过 5 m 的,在中间增贴一行,控制墙面平整度。粘贴时砂浆应饱满,要减少推敲和拨动,减少对黏结砂浆的扰动,增强砂浆的黏结力。

对阴阳角处,阳角使用成品阴阳角砖或者两边瓷砖均需磨成 45°角,对拼成直角,阴角则按大面压小面的原则处理。

对非整砖的瓷砖,用云石机集中裁切,保证裁口整齐、顺直。

瓷砖粘贴完,经检查无空鼓后,才允许勾缝,若有空鼓的,返工重贴。勾缝采用白水泥素浆,勾缝压实压光,勾完缝后表面用棉纱擦洗干净。

4) 常见的质量问题及防治

(1) 瓷砖空鼓:砂浆配合比不准,砂子含泥量过大;基层清理不干净;表层偏差过大,一次抹灰层过厚;面砖勾缝不严,又没有洒水养护等。解决办法是针对主要原因采取相应措施。

(2) 墙面不平:主要原因是结构偏差过大,装修前处理不认真造成的。防止方法是加强对基层打底工作的检查,合格后方可进行下道工序。

(3) 分格缝不直:主要是分块弹线、排砖不细,砖规格尺寸偏差大,施工中选砖不细、操作不当等造成。

(4) 墙面脏:主要是勾完缝后没有及时擦净砂浆以及其他工种污染所致。防止方法是用棉丝蘸稀盐酸与水的质量比为 80:20 的溶液刷洗,然后用清水冲净。同时加强其他工序的成品保护工作。

4. 门窗工程

1) 木门扇制作安装

(1) 制作采用订货加工。

组装门窗框、扇前,应选出各部件的正面,以便使组装后正面在同一面,并把组装后刨不到的面上的线用砂纸打掉。门框组装前,先在两根框梃上量出门高,用细锯锯出一道锯口,或用记号笔画出一道线,这就是室内地平线,作为立框的标记。

门窗扇的组装,是把一根边梃平放,将中贯档、上冒头(窗框还有下冒头)插入梃的眼里,再装上另一边的梃,用锤轻轻敲打拼合,敲打时要垫木块,防止打坏或有敲打的痕迹。待整个门框拼好归放以后,再将所有的榫头敲实,锯断露出的榫头。

门窗扇的组装方法与门窗框基本相同。但门扇中有门板,须把门芯按尺寸裁好,一般门芯板应比门扇边上量的尺寸小 3~5 mm,门芯板的四边去棱、刨光。然后,先把一根门梃平放,将冒头逐个装入,门芯板嵌入冒头与门梃的凹槽内,再将另一根门梃的眼对准装入,并用锤木块敲紧。

门窗框、扇组装好后,为使其成为一个结实的整体,必须在眼中加木楔,将榫在眼中挤紧。木楔长度与榫头一样长,宽度比眼宽窄 2~3 mm,楔子头用扁铲顺木纹铲尖。加楔时调整、纠正。

一般每个榫头内必须加两个楔子。加楔时,用凿子或斧子把榫头凿出一道缝,将楔子两面抹上胶插进缝内,敲打楔子要先轻后重,逐步撑入,不要用力太猛。当楔子已打不动,孔眼已卡紧饱满时,就不要再敲,以免将木料撑裂。在加楔过程中,对框、扇要随时用角尺或尺杆卡窜角找正,并校正框、扇的不平处,加楔时注意纠正。

组装好的门窗框、扇用细刨或砂纸修平修光。双扇门窗要配好对,对缝的裁口刨好。安装前,门窗框靠墙的一面,均要刷一道防腐油,以增加防腐能力。

为了防止校正好的门窗框再变形,应在门框下端钉上拉杆,拉杆下皮正好是锯口或记号的地坪线。大一些的门窗框,再中贯档与梃间要钉八字撑杆。门窗框组装好要防止日晒雨淋,防止碰撞。

为了确保工程质量和装饰木门的效果,有效做好成品保护,门框安装施工采用后塞口法进行安装。

(2) 施工要点。门窗洞口要按设计图上的位置和尺寸留出,洞口应比门窗口大 30~40 mm(每边大 15~20 mm)。砌墙时,洞口两侧按规定砌入木砖,木砖大小约为半砖,间距不大于 1.2 m。安装门、窗框时,先把门、窗框塞进门窗洞内,用木楔临时固定,用线坠和水平尺校正。校正后,用钉子把门窗框钉在木砖上,每个木砖上应钉两颗钉子,钉帽砸扁冲入梃内。立口时,一定要特别注意门的开启方向。门框的居中位置应保持一致。

(3) 门扇安装。

① 施工准备。安装门扇前,先要检查门框上、中、下三部分是否一样宽,如果相差超过 5 mm,就必须修整。核对门扇的开启方向,并打记号,以免把扇安错。

安装门扇前,预先量出门框口的净尺寸,考虑风缝(松动)的大小,再进一步确定扇的宽度和高度,并进行修刨。修刨时,高度方向,下冒头边略微修刨一下,主要是修刨上冒头边。宽度方向上的修刨,应将门扇定于门框中,并检查与门框配合的松紧度。由于木材有干缩湿胀的性质,而且门扇、门框上都需要有油漆及打底层的厚度,所以安装时要留缝。一般门扇对口处竖缝留 1.5~2.5 mm,并按此尺寸进行修刨。

② 施工要点。将修刨好的门扇,用木楔临时立于门框中,排好缝隙后画出铰链位置。铰链位置距上、下边的距离宜是门扇的宽度的 1/10,这个位置对铰链受力比较有利,又可避开榫头。然后把扇取下来,用扇铲剔出铰链页槽,铰链页槽应外边浅,里面深,其深度应当是把铰链合上后与框、扇平正为准。剔好铰链槽后,将铰链放入,上下铰链各拧一颗螺钉把扇挂上,检查缝隙是否符合要求,扇与框是否齐平,扇能否关住。检查合格后,再把螺钉全部上齐。

双扇门扇安装方法与单扇的安装基本相同,只是多一道工序——错口。双扇门应按开启方向看,右手门是盖口,左手门是等口。

门扇安装好后要试开,其标准是:以开到哪里就能停到哪里为好,不能有自开或自关的现象。如果发现门扇在高、宽上有短缺的情况,高度上应将补钉的板条钉在下冒头下面,高度上,在装铰链一边的梃上补钉板条。

为开关方便,平开扇上、下冒头最好刨成斜面。

③ 技术安全措施。

基本要求:装饰木门窗安装必须遵守国家颁发的《建筑工人安全技术操作规程》和本企业制定的有关各项安全施工的规定,以确保操作安全。

具体要求:木门窗安装前应检查脚手架是否牢固、平稳,每档脚手板至少应有两块,不得有探头板,保护栏杆和悬挂的安全网应齐全。凡不符合安全要求的应及时整修加固,经检查合格才能使用。

人字架梯的腿底应钉橡胶防滑垫,使用时必须拉好防滑绳。电动工具应做好接地保护,设置漏电掣闸装置。电动工具应有专人负责管理。电动工具操作人员应按规定使用劳动保护用品。临时施工照明,必须使用安全电压,导线应绝缘良好。

④ 工程验收。

安装质量要求:条件具备时,宜将门扇与框装配成套,装好全部小五金,然后成套安装。一般情况下,应先安装门框,后安装门扇。

安装门扇或成套门应符合下列规定:门框安装前应校正规方,钉好斜拉条(不得少于两根),无下坎的门框应加钉水平拉条,防止在运输和安装过程中变形。门框(或成套门)应按设计要求的水平标高和平面位置在砌墙的过程中进行安装。当需要先砌墙后安装门框(或成套门窗)时,宜在预留门洞口同时,留出门框走头(门框上、下坎两端伸出口外部分)的缺口,在门框调就位后,封砌缺口。门框(或成套门窗)与外墙砌体间的空隙,应填塞保温材料。

门窗小五金的安装应符合下列规定:小五金应安装齐全,位置适宜,固定可靠。铰链距门上、下端宜取立梃高度的1/10,并避开上下冒头。安装后,应开关灵活。小五金均应用木螺钉固定,不得用钉子代替。应先用锤打入1/3深度,然后拧入,严禁打入全部深度。采用硬木时,应先钻2/3深度的孔,孔径为木螺钉直径的0.9倍。不宜在中冒头与立梃的结合处安装门锁。门拉手应放在门高度中点以下,门拉手距地面以0.9~1.05 m为宜。

2) 铝合金门窗安装

(1) 施工准备:铝合金门窗的规格、型号符合设计要求;铝合金门窗所用的零配件及不锈钢配件符合要求;防腐材料及保温材料均符合设计要求;与结构连接的固定铁件、连接铁板,按照设计的要求准备好,并做好防腐处理。焊条的规格、型号与所焊的焊件相符,具有出厂合格证。焊缝材料、密封膏的品种、型号符合设计要求。

主要机具有铝合金切割机、手电钻、圆锉刀、半圆锉刀、十字螺丝刀、钢直尺、钻子、锤子、电焊机、焊条等。

(2) 作业条件。结构质量验收合格,工种之间办理了交接手续;按照图示尺寸弹好窗中线,并弹好+50 cm水平线,校正门窗洞口位置尺寸及标高。检查门窗两侧连接铁件与墙体预留孔洞位置是否吻合,如果有问题,提前处理,并将预留洞内的杂物清理干净。铝合金的门窗拆包检查,将窗框周围的包装拆去,按照设计图要求核对尺寸,检查外观质量和表面的平整度。

(3) 施工工艺。

① 工艺流程:弹线找规矩→门窗洞口处理→埋设连接铁件→铝合金门窗拆包检查→按照设计图编号运至安装地点→检查保护膜→铝合金门窗安装→门窗口四周嵌缝→清理→安装五金配件→安装门窗密封条→质量检查→纱窗安装。

② 弹线找规矩:门窗口的水平线以+50 cm 线为准,往上反,量出窗下皮标高,弹线找直,每层窗下皮在统一水平线上。

③ 墙厚方向的安装位置:根据外墙大样图及窗台板的宽度,确定铝合金门窗在墙厚方向的位置;

④ 防腐处理:门窗两侧按照设计规定进行防腐处理。

⑤ 就位与临时固定:根据已放好的安装位置线安装,并将其吊正找直,并用木楔固定。

⑥ 与墙体固定:混凝土墙体用射钉枪固定。

⑦ 处理门窗框与墙体之间的缝隙:铝合金门窗框固定好以后,及时处理门窗框与墙体之间的缝隙,采用矿棉分层填塞缝隙,外表面留 5~8 cm 的深槽口填塞嵌缝膏。待铝合金门窗和窗台板安装后,将窗框四周的缝隙同时填嵌,填嵌时用力不要过大,防止窗框受力后变形。

⑧ 铝合金门框安装:见图 3.27,预留洞处理好以后,在门框的侧边固定好连接件,门框按位置立好,找好垂直度及几何尺寸后,用射钉或自攻螺钉将门框与墙体连接件固定,用嵌缝材料嵌缝,密封膏密封。

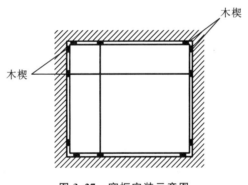

图 3.27 窗框安装示意图

⑨ 地弹簧座的安装:根据地弹簧安装位置,提前剔洞,将地弹簧的转轴轴线与门框横料的定位销轴心一致。

⑩ 铝合金门扇安装:门窗框的连接是用铝角码的固定方法,具体做法与门框安装相同。

⑪ 五金配件安装:待油漆工程干完后方可安装门窗的五金配件,安装牢固,使用灵活。

5. 涂料工程

清理修补:首先将墙、柱、顶棚表面起皮及松动处清理干净,再涂刷一遍三倍水稀释后的801 胶水,然后用石膏将作业面的坑洞、填缝补平,干燥后用砂纸将凸出处磨掉,将浮沉扫净。

刮腻子:一般刮两遍,第一遍用抹灰刮板横向满刮,一刮板紧接着一刮板,接头不得留槎,每刮一刮板,最后收头要干净平顺;第二遍要竖向满刮,干燥后用砂纸磨平并扫干净。

刷乳胶漆：涂刷顺序是先刷顶板后刷墙柱面,墙柱面是先上后下。乳胶漆使用前要搅拌均匀,适当加水稀释,以防止头遍漆刷不开。乳胶漆用排笔涂刷,从一头开始,逐渐向另一头推进,要上下顺刷,互相衔接,后一排笔紧接前一排笔。待第一遍乳胶漆干燥后,复补腻子,腻子干燥后用砂纸磨光,清扫干净。第二、三遍操作要求同第一遍。

6. 油漆工程

基层处理：清扫、起钉子、除油污、刮灰土。

刷底子油：刷清油一遍,先从框上部开始顺木纹涂刷,框边涂油不得碰到墙面上,厚薄要均匀,门扇的背面刷完后要用木楔将门扇固定,最后刷门扇的正面。

抹腻子：清油干透后,钉孔裂缝节疤以及边棱缺残处用石膏腻子刮平整。

磨砂纸：腻子干透后,用一号砂纸打磨,注意不要磨穿油膜,并保护好棱角。

刷漆：油漆稠度以达到盖底不流淌不显痕为准,厚薄要均匀,刷完一个部件后,应上下左右检查一下,有无漏刷、流坠、裹棱及透底,木门扇要用木楔固定。刷第二、三遍之前要再抹腻子和打磨一遍,做法同第一遍,涂刷时要多刷多理,刷油要饱满,动作要敏捷,不流不坠,光亮均匀,色泽一致。

7. 铝塑板施工工艺及流程

1) 测量

根据主体结构上的轴线和标高线,按设计要求将支承骨架的安装位置线准确地弹到主体结构上。将所有预埋件打出,并复测其尺寸。测量放线时应控制分配误差,不是误差积累。测量放线应在风力不大于四级情况下进行。放线后应及时校核,以保证幕墙垂直度及立柱位置的正确性。

2) 安装连接件

将连接件与主体结构上的预埋件焊接固定。当主体结构上没有埋设预埋铁件时,可在主体结构上打孔安设膨胀螺栓与连接铁件固定。

3) 安装骨架

按弹线位置准确无误地将经过防锈处理的立柱用焊接或螺栓固定在连接件上。安装时应随时检测标高和中心线位置,对面积较大、层高较高的外墙铝板幕墙骨架立柱,必须用测量仪器和线坠测量,校正其位置,以保证骨架竖杆铅直和平整。立柱安装标高偏差不应大于 3 mm,轴线前后偏差不应大于 2 mm,左右偏差不应大于 3 mm;相邻两根立柱标高偏差不应大于 3 mm,同层立柱的最大标高偏差不应大于 5 mm,相邻两根立梃距离偏差不应大于 2 mm。

将横梁两端的连接件及垫片安装在立柱的预定位置,并应安装牢固,其接缝应严密;相邻两根横梁的水平偏差不应大于 1 mm。当一幅幕墙宽度小于或等于 35 m 时同层标高偏差不应大于 5 mm;当一幅幕墙宽度大于 35 m 时,同层标高偏差不应大于 7 mm。

4) 安装防火材料

应采用优质防火棉,抗火期要达到有关部门的要求。将防火棉用镀锌钢板固定,使防火棉连续地密封于楼板与金属板之间的空位上,形成一道防火带,中间不得有空隙。

5) 安装铝板

按施工图要求用铆钉或螺栓将铝合金板饰面逐块固定在型钢骨架上。板与板之间留缝

10～15 mm,以便调整安装误差。金属板安装时,左右、上下的偏差不应大于1.5 mm。

6) 处理板缝

用清洁剂将金属板及框表面清洁干净后,立即在铝板之间的缝隙中先安放密封条或防风雨胶条,再注入硅酮耐候密封胶等材料,注胶要饱满,不能有空隙或气泡。

7) 清理板面

清除板面护胶纸,把板面清理干净。

8. 外墙干挂石材施工工艺

1) 施工准备

(1) 绘制施工大样图,做好石材加工订货。根据建筑设计图所提供的石材分块、布局、颜色、品种及搭配、表面加工形式、线角处理方案,并结合施工现场结构施工实际状况、石材加工厂的生产能力,绘制出石料加工大样图。大样图中应突出以下内容:石材的规格尺寸和质量标准;装饰面的加工形式及部位,并用特殊记号注明;石材编号、加工数量及余量;石材成品的保护方法。

(2) 基体的检验及处理:对单位工程进行结构验收后,还应对装饰部位的结构施工质量进行细致的实测实量。

(3) 几何尺寸的检验:根据建筑设计图并结合石材施工大样图,认真核实结构的实际偏差。墙面应检查其垂直、平整情况,偏差较大的应剔凿、修补。

(4) 对基体、预埋金属件的检验:在安装石材前,应根据设计图纸要求对预埋件的型号、规格、数量、位置等进行全面检验,如有差错应及时补救。

2) 作业条件的落实

材料、机具、水电齐备;墙面弹好50 cm水平控制线,柱子应弹出立面中心线;门窗框位置准确、垂直、牢固,并将门窗与石材之间留出足够的安装余量;石材进场后,花岗石可堆放在室外,下垫方木。应根据加工订货单、施工大样图核对石材的数量、规格,并预铺、配花、编号,以备正式安装时按顺序取用。

石材的检验和修补:石材进场拆包后,挑出破碎、变色、局部污染和缺棱掉角者,另行堆放。对符合外观要求者要进行边角垂直测量、平整度检验、裂缝和棱角缺陷检查。石材在运输和装卸过程中被碰坏者应预先进行修补。石材破裂者可用环氧树脂胶黏剂黏结,表面洼坑、麻点或缺棱角者可用环氧腻子修补。

3) 干挂工艺

(1) 材料:根据设计要求,准备石材,确定石材的品种、颜色、花纹和尺寸规格,严格控制、检查其抗折、抗拉及抗压强度、吸水率、耐冻融循环等性能。另外,还要准备以下辅助材料。

合成树脂胶黏剂:用于粘贴石材背面的柔性背衬材料,要求具有防水和耐老化性能。

玻璃纤维网格布:石材的背衬材料。

防水胶泥:用于密封连接件。

防水胶条:用于石材边缘,防止污染。

嵌缝膏:用于嵌填石材接缝。

罩面涂料:用于石材表面防风化、防污染。

膨胀螺栓;连接铁件、连接钢针等。

(2) 机具设备:准备台钻 3 台、无齿切割锯 4 台、冲击钻 4 台、手电钻 4 台、压力扳手 4 支、开口扳手 44 支、嵌缝枪 4 支、锤子、凿子、靠尺、水平尺、方尺、多用刀、剪子、勾缝溜子等根据需要配齐。

(3) 工艺流程:清理结构表面→结构上弹出垂直线→大角挂两竖直钢丝→挂水平位置线→支底层板托架→放置底层板用其定位→调节与临时固定→结构钻孔并插膨胀螺栓→镶不锈钢固定件→用黏结剂灌下层墙板上孔→将黏结剂灌入上层板下孔内→临时固定上层墙板→钻孔插入膨胀螺栓→镶不锈钢固定件→镶顶层墙板→嵌板缝密封胶→清理面层。

4) 施工流程

根据设计要求选择花岗岩,质量必须达到设计要求标准和国家标准。根据饰面的宽高尺寸确定石板材的规格、尺寸,要保证板材规格统一,颜色一致。

弹线预排要检查基层表面,吊竖直,抄水平,弹出竖直和水平控制线,竖直线要上下贯通,水平线要闭和交圈,根据竖直和水平控制线进行预排,确定横向块数和竖向行数。

基层清理,检查预埋件,打膨胀螺栓。预埋件必须在土建施工中施放,膨胀螺栓必须采用不锈钢膨胀螺栓。预埋件和膨胀螺栓的位置要准确,与石材的规格相符合。

焊接角钢和水平方向角钢龙骨、水平龙骨的位置和间距要与石材的规格一致。所有钢材必须除锈,并刷防锈漆进行防锈处理。

安装不锈钢挂件。石材打孔并在石材背面刷防胶黏剂,不锈钢连接件与石材连接空隙必须打注云石胶饱满。

5) 安装石材

从最下一行开始,依次向上安装。先在最下一行两头用板材找平找直,拉上横线,再从中间或一端开始安装。

初安装时每组 4~5 人,安装有以下几个步骤:检查寻找石材;最后检查几何尺寸及色差;运石材板块;调整方向;将石材抬至安装位;初固定;对胶缝;板块初安装完成后对板块进行调整,调整的标准,即横平、竖直、面平。横平即横向水平;竖直即竖向垂直、胶缝垂直;面平即石材在同一平面内。

板块调整好后马上进行固定。试拼石板就位,并用云石胶把板材与结构表面的不锈钢挂件固定,云石胶打注饱满,随时用托线板靠直靠平,保证板与板交接处四角平整。板材与基层间的缝隙保持一致。

6) 板缝的防水处理

花岗岩面层安装完成之后,即可安排进行石材板缝的防水处理工作。首先在板缝内添置聚乙烯发泡材料填充物,然后再将石材专用密封胶用打胶枪打入板缝中,石材专用密封胶的颜色一般由石材的颜色决定。打胶时首先在胶缝两侧饰面上贴好保护胶带美纹纸,用清洗液清洗胶接面,然后往同一方向用打胶枪把密封胶注入胶缝内。打胶时用力要均匀,走枪要稳而慢,胶缝应当均匀饱满,不得间断及流坠,表面须光滑平整且深浅一致。注完胶应立即用灰刀刮平去掉美纹纸,避免过长时间密封胶凝固后难以清除,造成污染且影响美观。打胶是检验安装是否成功的一个重要环节,不仅是幕墙外观的点睛之笔,而且直接影响幕墙的防渗性能。

打胶时还应注意天气情况,杜绝雨天,避免在高温与低温下作业,以确保打胶的质量,并能保证胶缝的粗细均匀,表面美观流畅。

7) 清洁收尾

清洁收尾是工程竣工验收的最后一道工序,虽然安装已完工,但为求完美的饰面质量,此工序不能马虎。

材料及工器具说明:干净的清洁布、清洁剂、清水、刀片、石蜡等。

注意事项:石板蚀面,若已产生污染,应用中性溶剂清洗后,再用清水冲洗干净,若清洗不干净则应通知寻求其他办法解决。在全过程中注意成品保护。

8) 验收

每次石材安装时,从安装过程到安装后,全过程必须进行质量控制,验收也穿插于全过程中,验收的内容有:板块自身是否有问题;胶缝大小是否符合设计要求;胶缝是否横平竖直;板块是否有错面现象;龙骨的接口是否符合设计要求;验收记录,要按隐蔽工程的有关规定做好各种资料的记录。

9. 玻璃幕墙

1) 安装前的准备工作

施工安装的基本条件:主体结构完工,现场清理干净,在二次装修之前进行。

可能对幕墙施工环境造成严重污染的分项工程应安排在幕墙施工前进行,否则要采取保护措施。如果采用吊船施工,则脚手架应当拆除;如利用脚手架施工安装,则应与土建施工单位协调好脚手架的拆除进度安排。安装前应保留垂直运输设备(塔吊、井架等),以便吊运构件和材料。主体结构必须达到施工验收规范的要求。预埋件已妥善埋入,位置正确。

2) 施工准备

材料与构件:材料、构件要按施工组织设计分类,按使用地点存放。玻璃板材应运入相对应的房间内,用塑料布盖严,下面应垫上垫板,玻璃板材应稍稍倾斜直立摆放,玻璃板材上应贴上明显警告标志,以防碰坏。

铝材、五金件及其他材料应分楼层堆放在固定房间内并加锁。安装前要检查铝型材,要求平直、规方,不得有明显的变形、刮痕和污染。构件、材料和零附件应在施工现场验收,验收时供货方、监理方和业主应在场。

铝型材的现场加工:横梁、立柱等铝型材主要加工已在车间内加工完毕运抵现场。现场加工仅为简单的钻孔、装配立柱活动接头的芯桩、安装连接附件等。其加工位置、尺寸,应与设计图相符。

后备材料:不合格的构件应予以更换。幕墙构件在运输、堆放、吊装过程中有可能变形、损坏等,所以,幕墙安装施工承包商,应根据具体情况,对易损坏和丢失的构件、配件、玻璃、密封材料、橡胶垫等,应有一定的更换储备数量。

3) 样板

在正式施工安装前,应按真实材料、构配件和工艺,在现场设置1∶1的幕墙单元样板。样板可竖立在工地内不妨碍施工的地点,也可以直接安装在结构上。

样板应由业主、监理方确认,以此作为施工过程中的依据,并作为验收的标准。

预埋件检查:为了保证幕墙与主体结构连接可靠性,幕墙与主体结构的预埋件应在主体结构施工时,按设计要求的数量、位置和方法进行埋设。预埋件要求埋设位置准确,埋设牢固。施工安装前,应检查各连接位置与埋件是否齐全,位置是否符合设计要求,如标高允许偏差：±10 mm,轴线允许左右差：±30 mm,轴线允许前后差：±20 mm。预埋件遗漏、位置偏差过大、倾斜时,要会同设计单位采取补救措施。

主要施工工具：手动真空吸盘、牛皮带、电动吊篮、起重小吊车和电动真空吸盘、嵌缝枪、撬板和竹签、滚轮、热压胶带用电炉、玻璃箱靠放架。

幕墙的安装工艺流程如下：开箱检验、分类堆放幕墙部件→现场测量放线→横梁、立柱装配→楼层紧固件安装→安装立柱→立柱抄平、调整→安装横梁→安装层间保温岩棉→安装楼层封闭铝板→安装单层玻璃窗密封条、卡→安装侧压力板→镶嵌密封条→安装玻璃幕墙铝盖条→清扫→验收、交工。

4) 与主体结构连接的施工

幕墙立柱应通过预埋件与主体结构连接,连接施工流程为：设定幕墙安装基线→放置预埋件→校正预埋件位置→浇捣混凝土→配置连接铁码→复核安装基准线→固定铁码→检查→涂防锈涂料→修补。

牛腿(角码)的安装：在建筑物上固定幕墙,首先要安装好牛腿铁件。牛腿铁件应在土建结构施工时,按设计要求将预埋件预埋在每层楼板(梁、柱)的边缘或墙面上,预埋位置一定要准确。

用落钉先穿入T形槽内,再将铁件初次就位,就位后进行精确找正。牛腿找正是幕墙施工中的重要的一环,它的准确与否将直接影响幕墙安装质量。

按建筑物轴线确定距牛腿外表面的尺寸,用经纬仪测量平直,误差控制在±1 mm之内。同一牛腿与牛腿的间距用钢尺测量,误差控制在±1 mm之内。每层牛腿测量要"三个方向"同时进行,即为表定位(x轴方向)、水平高度定位(y轴方向)和牛腿间距定位(z轴方向)。

水平找正时可用1~4 mm×40 mm×300 mm的镀锌钢板条垫在牛腿与混凝土表面进行调平。当牛腿处不就位时要将两个螺钉稍加紧固,待第一层全部找正后再将其完全紧固,并将牛腿与T形槽接触部分焊接。牛腿各零件间也要进行局部焊接,防止位移。凡焊接部位均应补刷防锈油漆。

牛腿的找正和幕墙安装可以采取"丝丝找正法"进行,即当找正八层牛腿时,只吊装四层幕墙。切不可找正多少层牛腿随即安装多少层幕墙,这样就无法依据找正的牛腿作为其他牛腿找正的基准了。

预埋件偏差太大的修补：在放置预埋件之前,应按幕墙安装基线校核预埋件的准备位置,然后用钉子牢固地预埋钢板固定在模板上,并用铁丝将锚筋与构件主钢筋绑扎牢固,防止预埋件在浇筑混凝土时位置变动。拆模后,应尽早将预埋钢板表面的砂浆清除干净。

预埋件位置偏差可为平面上位置偏差、前后偏差和倾斜。预埋件位置偏差必须做好情况记录,修补办法应得到监理工程师同意,修补后应检查并做好记录。

5) 测量放线

测量放线应与主体结构测量放线相配合,水平标高要逐层从地面引上,以免误差积累。由于建筑物随气温变化产生侧移,所以测量应在每天定时进行,测量时风力不应大于三级。

应沿楼板外沿弹出墨线定出幕墙平面基准线,从基准线外离开一定距离设计幕墙平面。

以此线为基准确定立柱的前后位置,从而决定整片幕墙的位置。

6) 立柱的安装

立柱先连接好连接件,再将连接件(铁码)点焊在预埋钢板上,然后调整位置。立柱的垂直度可用吊锤控制,位置调整准确后,才能将牛腿正式焊在预埋件上。

安装误差控制标准为标高±3 mm,前后±2 mm,左右±3 mm。

立柱一般为竖向构件,是幕墙安装施工的关键之一,它的质量影响整个幕墙的安装质量,通过连接件幕墙的平面轴线与建筑物的外平面轴线距离的允许偏差应控制在±2 mm 以内,特别是建筑平面呈弧形、圆形和四周封闭的幕墙,其内外轴线距离影响到幕墙的周长,应认真对待。立柱一般根据施工及运输条件,可以是一层楼高或二层楼高为一整根,长度可达 7.4 m。接头应有一定空隙,采用套筒连接法,这样可适应和消除建筑挠度变形及温度的影响。连接件与预埋件的连接,若为二层楼高一整根,可采用间隔的铰接和刚接构造,铰接抗水平力,而刚接除抗水平力外,还应承担竖直力并传给主体结构。

7) 横梁的安装

幕墙横梁安装应符合下列要求:

(1) 将横梁两端的连接件及弹性橡胶垫安装在立柱的预定位置,要求安装牢固、接缝严密;

(2) 相邻两根横梁的水平标高偏差不大于 1 mm,同层标高偏差不大于 4 mm,同时应与立柱的嵌玻璃凹槽一致,其表面高低偏差不大于 1 mm。

(3) 同一层的横梁安装应由下向上进行。当安装完一层高度时,应进行检查、调整、校正、固定,使其符合质量要求。同层横梁标高差不应大于 5 mm(宽度 35 m 以下)、7 mm(宽度 35 m 以上)。横梁一般为水平构件,是分段在立柱中嵌入连接,横梁两端与立柱连接处应垫弹性橡胶垫,橡胶垫应有 20%~35% 的压缩量,以适应和消除横向温度变形的要求。

8) 玻璃板材的安装

在安装前,要清洁玻璃,四边的铝框也要清除污物,以保证嵌缝耐候胶可靠黏结。

玻璃的镀膜面应朝室内方向。当玻璃在 3 m^2 以内时,一般可采用人工安装;玻璃面积过大,重量很大时,应采用真空吸盘等机械安装。

玻璃不能与其他构件直接接触,四周必须留有空隙;下部应有垫块,垫块宽度与槽口相同,长度不小于 100 mm。

隐框幕墙构件下部要设两个金属支托,支托不应凸出到玻璃的外面。采用弹性橡胶条进行密封时,先在下边框塞入垫块,嵌入内胶条,状如玻璃,再嵌入外胶条。嵌入外胶条先间隔分点塞入,然后充分填塞。

9) 耐候胶嵌缝

玻璃板材安装后,板材之间的间隙必须用耐候胶嵌缝,予以密封,防止空气渗透和雨水渗漏。

嵌缝耐候胶时应注意以下几点:

(1) 充分清洁板材间缝隙,不应有水、油渍、涂料、铁锈、水泥砂浆、灰尘等。应充分清洁黏结面,加以干燥,可采用甲苯或甲基二乙酮做清洁剂。

(2) 为调整缝的深度,避免三边粘胶,缝内应充填泡沫填充棒。

(3) 为避免密封胶污染玻璃,在缝两侧贴保护胶纸。
(4) 注胶后应将胶缝表面抹平,去掉多余的胶。
(5) 注胶完毕后,将保护胶纸撕掉,必要时可用溶剂擦拭。
(6) 注意注胶后养护,胶在未完全硬化前,不要沾染灰尘和划伤。
(7) 嵌缝胶的深度(厚度)应小于缝宽度,因为当板材发生相对位移时,胶被拉伸,胶缝越厚,边缘的拉伸变形越大,越容易开裂。
(8) 耐候硅酮密封胶在接缝内要形成两面黏结,不要三面黏结,否则胶在受拉时容易被撕裂,将失去密封和防渗漏作用。为防止形成三面黏结,在耐候硅酮密封胶施工前,用无黏结胶带铺于缝隙的底部,将缝底与胶分开。

10) 保护和清洗

幕墙构件应注意保护,不应发生碰撞变形、变色、污染和排水管堵塞等现象。对幕墙构件、玻璃和密封等应制定保护措施。

施工中幕墙及幕墙构件等表面应立即清扫。

幕墙工程安装完成后,应制定从上到下的清扫方案,防止表面装饰发生异常。其清扫施工工具、吊盘以及清扫方法、时间和程序等,应由专职人员批准。

清洗玻璃和铝合金件的中性清洁剂应经过检验,证明对铝合金和玻璃无腐蚀作用,中性清洁剂清洗后应及时用清水冲洗。

11) 幕墙安装施工安全措施

幕墙安装施工过程中,必须认真执行以下的安全措施。

应根据有关劳动安全、卫生法规,结合工程制定安全措施,并经有关负责人批准。

安装幕墙的施工机具在使用前必须进行严格检验。吊篮必须作荷载试验和各种安全保护装置的运转试验;手电钻、电动螺丝刀、焊钉枪等电动工具须作绝缘电压试验;手持玻璃吸盘和玻璃安装机,需要检查吸附重量和进行吸附持续时间试验。

施工人员须配备安全帽、安全带、工具袋,防止人员及物件的坠落。

在高层建筑幕墙安装与上部结构施工交叉作业时,结构施工层下方须架设挑出 3 m 以上防护装置。建筑物在地面上 3 m 左右,应搭设挑出 6 m 水平安全网。如果架设竖向安全平网有困难,可采取其他有效方法,保证安全施工。

应注意防止密封材料在使用时产生的溶剂中毒,且要保管好溶剂,以免发生火灾。

玻璃幕墙施工应设专职安全人员进行监督和巡回检查。现场焊接时,应在焊件下方设火斗,以免发生火灾。

10. 吊顶工程

本工程吊顶采用石膏板吊顶,非上人型。

(1) 龙骨安装。工艺流程:弹顶棚水平线→弹龙骨中心线→找出吊顶中心→固定吊杆→安装主龙骨及配件系列→安装次龙骨及配件→横撑龙骨安装→灯具等处理。

(2) 吊杆。吊杆用 $\phi 8$ mm 钢筋制作,间距确定为 900~1200 mm,距主龙骨端部不超过 300 mm。当吊杆与管道、设备相遇时,应调整吊点构造或增设吊点。

(3) 主龙骨。有吊挂件将主龙骨连接在吊杆上,具体作法如图 3.28 所示,然后以一个房间为单位,将主龙骨调整平直。起拱高度不小于房间短向跨度的 1/200,主龙骨安装后应及时校正其位置和标高。

（4）次龙骨。次龙骨应垂直于主龙骨安装，其间距应根据饰面板留缝与否确定。

（5）横撑。应用中龙骨截取，用连接件将其两端连接在通长次龙骨上，间距视实际使用的饰面板尺寸而定。

（十）屋面工程

1. 工程概况

本工程屋面防水为两道设防，第一层为SBS防水卷材，第二道为PVC防水卷材。

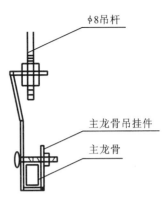

图3.28 主龙骨连接图

2. 材料要求

保温材料应有出厂合格证，密度、导热系数、强度应符合设计及规范要求。

防水卷材品种、技术性能必须符合设计及施工规范要求，产品有合格证及施工操作说明书，进场材料按规定要求做复试。

水泥为p.s32.5矿渣或p.o32.5普通硅酸盐，砂为中砂。

3. 作业条件

结构施工完毕并经验收，基层清理干净。出屋面的烟风道、雨水口、透气口、强弱电管线的根部用细石混凝土填塞密实。保温材料的运输、存放注意防潮。

4. 施工工艺

工艺流程：测量放线→局部清理→设备基础施工→风管、风机安装→基层清理→保温层施工→找坡层施工→找坡层晾干→找平层施工→找平层养护、晾干→防水层施工→防水保护层施工。

5. 操作方法

1）测量放线

认真核对屋面做法图中的分水线、集水线、雨水斗及雨水口位置；弹出水平标高控制线，上人屋面部分为+1000 mm线，非上人屋面部分为+500 mm线；由水电专业配合，按屋面图分别弹放分水线、集水线，并注明流水方向；分别计算出各关键点的找坡厚度标高，由技术部给出统一标高；技术人员对测量所弹放的各种控制线进行复核。

2）雨水口、雨水斗的安装

按照原设计图上给定的雨水斗的位置，检查在结构施工时留下的洞口位置。在安装前，需将洞口边缘的混凝土剔凿干净，露出混凝土中的钢筋，并找好雨水斗位置，核对标高，用2ϕ12钢筋加固，支好底托，并将钢筋与混凝土中的钢筋点焊上。

3）落水管安装

安装顺序为由上往下，先在水落口处用线坠弹出雨水管沿墙的位置线，根据雨水管每节长度，预量出固定卡位置，间距为1200 mm，设在下面一节管的上端，卧卡子用水泥砂浆固定，不得钉入木塞固定和固定在木塞上。雨水管若遇建筑凹凸时，应以钝角折弯相通，并在折弯处加卡固定。雨水管安装后加强保护，最后检查完后落架子。

4) 保温层施工

在进行保温层施工前,将结构面层施工留下的杂物、灰尘清理干净;对出顶层的雨水斗、雨水口、透气管、落水管等管道和风机、卫星天线基础进行处理,经检查合格后方可进行保温层敷设。

敷设时,基层平整度不能满足要求的局部采用干硬性砂浆做垫层,要求保温块敷设平整、稳固、拼缝严密。

在铺贴过程中,雨水斗和雨水口位置处进行局部处理。

保证项目:保温材料的强度、密度、导热系数和含水率,必须符合设计要求和施工规范的规定;材料试验指标应有试验资料;按照规定的配合比混合。

基本项目:保温材料,分层敷设,压实适当,表面平整。

5) 找坡层

采用1:8水泥膨胀珍珠岩保温层,按2%找坡。将屋面上的各凸出建筑物表面的杂物、灰尘清理干净,将各出风口的风笼子、百叶、门洞下口安装完毕,确定各部位找坡层最低点标高为保温层向上反30 mm,并且和雨水口标高向下反20 mm相校核。

根据屋面排水各控制点相对标高图做灰饼、定点,灰饼采用1:6水泥粉煤灰制作,灰饼上口尺寸为200 mm×200 mm,下口尺寸为300 mm×300 mm,灰饼间距为3.0 m。

当各种准备工作完毕后,由水、电、土建办理联检单,再进行大面积的敷设,敷设时以已经施工的雨水口和各个灰饼点为控制点,屋面排水坡度为2%,采用4.0 m刮杠刮平,用铁滚进行滚压密实,并由试验室进行压实送检。

对出顶层柱头、女儿墙、风机基座、卫星基础较为细小的部位,用人工采用少量保温材料进行直接处理,拍实。

在结构施工过程中,因设计变更等原因,造成部分管线需要重新进行埋设,在结构清理后,由水电及监理人员协调后进行,并由土建配合,对有线路的部分保温层进行局部压实。

粒状海泡石保温材料的粒径控制在5~15 mm,使用前进行过筛,将大块的清除干净,分层压实,压实后的屋面不得直接推车行走和堆积重物。

施工要求:敷设均匀、平整、密实。

6) 水泥砂浆找平层

保温层施工通过验收,养护到位,将表面的松散杂物清理干净,凸出基层表面要修平,对凸出保温层以上的管道、基座及各种凸出屋面的结构处理好。找平层施工时,该部分及所有阴阳角等有损伤防水层的各种凸出物,需作局部抹灰,抹成圆弧状,其半径为150 mm。施工时应注意以下几点:

(1) 操作前,先将基层洒水湿润,扫纯水泥浆一次,随刷随铺砂浆,使之与基层黏结牢固,无松动、空鼓、凹坑、起砂、掉灰等现象。

(2) 找平层表面平整光滑,其平整度用2 m长直尺检查,最大空隙不超过5 mm,空隙仅允许平缓变化,凹坑处应用水泥:砂:801胶=1:(2.5~3):0.15砂浆顺平。

(3) 基层与凸出屋面的结构,如女儿墙、穿板管道等相连接的阴角,应抹成均匀一致和平整光滑的小圆角,基层与檐口、天沟、水落口、屋脊等相连接的转角,应抹成光滑的小圆弧形,其半径控制在100~150 mm之间,女儿墙与水落口中心距离应在200 mm以上。

(4) 水泥砂浆找平层压实抹光凝固后,应及时洒水养护,养护时间不得少于 7 天。

(5) 在进行找平层施工时,拉线找齐,以女儿墙处的标高作为依据,并检查坡度是否满足图纸设计要求。

(6) 找平层采用水泥砂浆找平,厚度 20 mm,配合比水泥:中砂=1:2.5。找坡后用木抹子抹平,铁抹子压光,待污水消失后,人踩上去有脚印但不下陷为度,再用铁抹子压第二遍光,即可交活。

(7) 对于周圈防水需要收口的部分,须对原有混凝土结构表面抹灰,防水施工时将卷材端头用喷枪烤熔,直接粘贴与外墙防水收口凹槽内。

(8) 分隔缝按 6000 mm×6000 mm 布置,下口宽度为 20 mm,上口宽度为 30 mm,采用木条分格,要求平直、通顺,在防水施工前将木条取出。

7) 防水层施工

主要机具有电动搅拌器、高压吹风机、铁辊、手持压棍、小平铲、铁桶、汽油喷灯、钢卷尺、笤帚、小线、彩色粉、粉笔。

基层必须牢固、干燥(含水率小于 9%),经检验合格后可进行下道工序,将找平层表面清理干净,保证表面的光滑,不得留有浮尘、杂物等。

基层处理剂采用滚刷涂刷于基层表面,经过 4 h 后,开始铺贴卷材。

进场的防水卷材必须有质量证明文件,经取样试验合格后,再进行敷设工作。

设备基础、女儿墙、反梁阴阳角、出气管等部位先做附加层,附加层用两层卷材按照加固处的形状仔细粘贴紧密,由三个表面构成的角,应先在角部铺一层卷材附加层加固,然后铺贴两层卷材附加层,宽度每边不小于 250 mm。

铺贴卷材时,先将卷材摊开在平整、干净的基层上,用长把滚刷蘸 c×404 胶均匀涂刷在卷材表面,在卷材接头部位应空出 10 cm 不涂胶,刷胶厚度要均匀,不得有漏底或凝底或凝聚块,当黏结剂干燥后接触不黏后即可进行卷材的铺贴。

铺贴时,从流水坡度的下坡开始,先远后近的顺序进行,使卷材长向与流水坡度垂直,搭接顺流水方向。将已涂好 c×404 胶预先卷好的卷材沿弹好的标准线向另一端铺贴。

操作时卷材不要拉得太紧,每隔 1 m 左右向标准线靠贴一下,依次顺序对准线边铺贴,或将已涂好的卷材向后铺贴。铺贴卷材时要减少阴阳角的接头。

铺贴平面与立面相连接的卷材,应由下向上进行,使卷材紧贴阴阳角,不得有空鼓或黏结不牢等现象。每铺完一张卷材应立即用干净的长把滚刷从卷材的一端开始在卷材的横方向顺序用力滚压一遍,以便将空气彻底排出。

卷材封边采用专用的热熔设备进行结合,先将卷材边放置整齐后,从一端开始熔合。操作时用手一边压合一边排出空气,施工完毕后用聚氨酯缝膏封闭。

细部处理方法:突出屋面结构的连接处,铺贴在立面墙上的卷材高度不应小于 250 mm,一般采用交叉法与屋面卷材相互连接,将上端收头固定于墙上,端部采用薄钢板用射钉固定于墙上,射钉间距为 250 mm,施工完毕后再用聚氨酯(砌保护墙)封闭。

由于水落管、透气孔根处比较复杂,如采用有硬度的卷材,势必会影响放水的效果,为此,该部位的防水做法采用聚氨酯防水与卷材结槎。

防水卷材取样方法应以同一生产厂、同一品种、同一强度等级的产品不超过 1000 卷为一验收批。将同样的一卷卷材切除距外层卷头 2500 mm，顺纵向切取 500 mm 的全幅卷材试样 2 块，一块作物理性能检验试件用，另一块备用。取样试验不少于五组。

卷材防水层施工完毕后，经隐蔽工程验收，确认符合施工规范要求，即可进行蓄水试验，试验时间不少于 48 h。

在确认没有渗漏后方可进行防水保护层的施工及面层砖的施工。

防水保护层应在防水层闭水试验合格后方可进行。在抹砂浆前，先用加建筑胶的水泥砂浆薄刮一道，以确保砂浆层和防水层的黏结。

防水保护层分格缝下口宽度为 20 mm，上口宽度为 30 mm，使用时采用梯形木条将保护层断开，待保护层砂浆达到一定强度后，将木条去除，缝隙清理干净，用沥青油膏填满，纵横向间距不大于 6 m。

为防止屋面防水层下气体扩散造成屋面起鼓，应设置排气道（管），排气道纵横贯通，间距不大于 6 m，深度为保温层厚度；埋设在保温层中的排气管管壁四周设直径为 8 mm 通气孔，沿管长每 100 mm 设置一个；引出屋面的排气管采用直径为 50 mm 的 PVC 管，高出屋面 500 mm，管顶设防雨罩，底部做 200 mm 高的挡水台，根部必须做好防水细部处理。排气管设置必须牢固，封闭严密。

8）质量标准

(1) 各保温层铺贴密实，不得有松动。

(2) 找坡层压实适当，表面平整，找坡准确。

(3) 水泥砂浆找平层应无脱坯、起砂现象。所有阴阳角部分需用砂浆抹圆角或钝角过渡。

(4) 找平层分格缝留设位置、间距应符合设计和施工及验收规范的规定。

(5) 卷材表面平整度应符合排水要求，无积水现象。

(6) 卷材铺贴的铺贴方法、压接顺序和搭接长度应符合屋面工程技术规范的规定。

(7) 泛水、檐口即变形缝的做法应符合屋面工程技术规范的规定，粘贴牢固、缝盖严密。

(8) 卷材附加层、泛水立面收头等符合要求。

(9) 屋面保护层泛水、无积水坡度符合设计要求。

(10) 管根结合、立面结合、手头结合牢固，无渗漏。

(11) 水落口安装牢固、平整，标高符合设计要求。

6. 屋面防水工程质量预防措施

卷材空鼓的预防：保持找平层表面干燥洁净。铺贴卷材前一、二天刷 1～2 道冷底子油，以保证卷材与基层表面黏结。铺贴卷材时气温不宜低于 5 ℃。雨季施工应有防雨措施，或错开雨天施工。

卷材转角部位后期渗漏的预防：基层转角处应做成圆弧形或钝角，转角处须选用强度高、延伸率大、韧性好的卷材。沥青黏结料的温度应严格按有关要求控制。涂刷厚度应均匀一致，各层卷材均要铺贴牢实，并增设卷材附加层。

7. 成品保护

雨水口、内排雨水口施工过程中，采取措施封堵，防止杂物进入管道内；防水层施工时，不得污染墙面、檐口及门窗等；找平层严格控制上人时间，不能过早地上人，并加强养护。

子学习情境4 施工平面图的绘制

[案例一] 某住宅小区施工总平面图设计。

一、工程背景

现场情况：施工现场地处城区二环以内，进场道路较窄，大宗设备进场较难，附近居民较多。现场已基本完成三通一平，施工用水、用电情况良好。拟建建筑物西侧离原有建筑只有5 m，东侧离原有建筑物有20 m净距，基坑四周特别狭窄，无法形成通畅的能够环行的道路。基本无加工场地。拟建建筑物1号楼西侧距架空电线较近。

本工程施工难点：本工程场地狭小，考虑充分利用现场场地，现场不堆放过多材料。同时，1号楼利用西侧作为临时周转材料场；车库结构施工阶段，利用5号楼、7号楼楼座作为临时堆放加工场地；车库完成地下一层后，利用支撑加密的地下一层顶板作为5号楼、7号楼临时堆放加工场地；6号楼地下一层顶板为预应力顶板，6号楼结构完成后方可覆土，且结构施工阶段可作为加工场地。因此，地下一层支撑预应力张拉前不能拆除。同时，该处支撑不同于其他楼板，竖向支撑加密至0.9 m，顶板下方木加密至180~200 mm。

二、施工总平面图设计

1. 施工现场平面布置原则

(1)因场地较小，将5号楼、7号楼滞后于6号楼施工，充分利用5号楼、7号楼的占地作为施工所用场地。

(2)施工现场阶段布置要满足阶段施工的要求。

(3)合理组织运输，保证现场运输道路畅通，运输道路利用永久性道路路基作为施工道路。

(4)施工材料堆放应尽量设在垂直运输机械范围内，减少材料的二次搬运。

(5)各项施工设施布置都要满足方便生产、有利于安全生产、环境保护和劳动保护的要求。

(6)根据施工现场平面布置原则，此工程分三个阶段进行现场平面布置与调整。

2. 施工现场平面布置

根据实际情况，利用现场北侧建设施工现场办公区，东侧考虑与原有建筑物较近，且场地较小，仅设消防车道路和临时水电总控制室。本工程在结构施工阶段设2台FO/23B固定式塔吊，1台256HC-70m塔吊，1台H3/36B塔吊。混凝土采用预拌混凝土，设混凝土泵。本工程在装修阶段设5台外用龙门提升架，设砂浆搅拌机3台。材料堆放场地及钢筋棚、木工棚的平面布置见图3.29。

[案例二] 住宅小区分期施工总平面布置。

一、工程背景

某住宅小区3号、4号住宅楼工程位于某市迎宾路106号，总建筑面积56299 m²，其中3

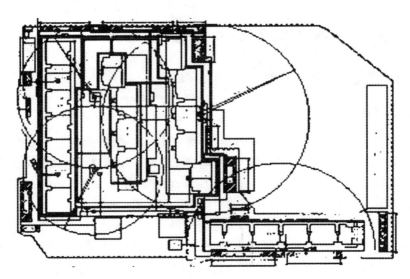

图 3.29 现场平面布置图

号楼建筑面积 28434 m², 4 号楼建筑面积 27865 m², 地下 1 层, 地上 18 层跃 19 层, 总高度 95.6 m。本工程交通十分方便, 但场地较为狭小, 不利于现场施工布置。

总平面管理由项目经理统一负责, 由质安负责人主管, 按生产和生活区分开的原则, 各专业加工、堆放等施工生产用地均分片布置。

二、分期施工总平面布置

1. 生产用场地

施工期间施工材料堆场和加工场均布置在 3 号楼、4 号楼南侧场地上, 其中, 砂、石材料堆场地面采用 150 mm 厚 C15 混凝土硬化; 钢筋、木工场地设于场地东南侧。钢筋场地敷设 50 mm 厚碎石硬化, 以防污染钢筋。混凝土搅拌站布置于 3 号楼、4 号楼之间的南侧位置, 搅拌站场区全部为混凝土硬化处理。1 号塔吊和 2 号塔吊分别布置在 3 号楼和 4 号楼东侧 19 轴和 17 轴之间, 其中塔吊基础混凝土模板采用 240 mm 宽砖模。

另外, 由于地下室外回填土施工时, 塔吊尚无法拆除, 故塔吊基础四周应砌筑 240 mm 砖墙予以围护, 墙的高度为塔吊基础顶至标高 −0.700 m 之间的高度, 以防止回填土掩埋塔吊底座。四周围护墙的长度同基础外轮廓周长。

2. 生活、办公区

生活区布置在 3 号楼、4 号楼南侧, 施工高峰期将根据实际需要再加盖部分临设。包括工人宿舍、水冲式卫生间、淋浴间、娱乐室等, 办公区设在天洋会所一层北侧。

3. 施工用临时道路

场区留设 1 号门、2 号门与场外市政道路连接。场区施工用临时道路主道为连通 1 号大门与迎宾路之间的混凝土道, 道宽 7 m, 200 mm 厚毛石垫层、C20 混凝土 150 mm 厚随打随抹; 2 号门为人员的出入通道, 布置在 4 号楼的西南侧, 与施工现场之间的道路宽 3 m, 素土夯实, 方砖铺砌。材料堆场和加工场均与临时道路用混凝土道连通。场区施工用临时道路主道采用水泥硬覆盖, 其主要目的是降尘及预防雨天进出现场车辆车轮带泥污染市政道路,以达到城市管理需要。

4. 场区排水

场区平整时做成一定坡势,并根据实际情况在整个场区系统地布置排水沟,雨水经场区临时沉淀池沉淀后排入城市雨水管网或场区现有的通向北侧护城河的排水管线。为防止雨期施工时雨水进入地下室,在地下室基坑上口四周设置 300 mm(宽)×500 mm(深)排水沟,雨水通过排水沟汇入城市雨水管网。排水沟两侧为 120 mm 砖墙并抹 1∶2.5 水泥砂浆,沟底为 50 mm 细石混凝土。办公区和宿舍区楼房前均设置排水沟。污水经现场临时化粪池后,排入城市污水管网。

5. 垂直运输机械布置

根据本工程的实际情况,为满足工程需要,保证工程的连续性,安装 2 台自升式塔吊和 2 台 1000 mm 内双笼施工电梯。塔吊为 QTZ50B 塔机,臂长 50 m,最小起重量 2 t。3 号楼施工电梯安装在南侧 13~16 轴之间;4 号楼施工电梯安装在南侧 25~27 轴之间。施工电梯基础做法:土方平整夯实→300 mm 厚 C20 混凝土毛石灌浆→200 mm 厚 C25 钢筋混凝土,配筋为双层双向 φ16@150,施工电梯基础平面尺寸为 4 m×8 m。

[案例三] 根据鹿台书院的工程图,绘制鹿台书院的施工平面图。

一、概述

(1) 按照施工部署、施工方案和施工总进度计划,将各项生产、生活设施在现场平面上进行规划和布置。

实践证明,科学合理的施工平面图设计,对于提高施工生产效率,降低工程建设成本,保证工程质量和施工安全等方面起着十分关键的作用。

(2) 分类。根据施工对象、范围大小的不同,施工平面图可分为:施工总平面图、单位工程施工平面图。

(3) 主要设计原则:

① 尽量减少施工用地面积。
② 保证运输方便,减少二次搬运,降低运输费用。
③ 充分利用各种永久建筑、管线、道路,降低临时设施的修建费用。
④ 合理布置生产、生活福利方面的临时设施。
⑤ 满足技术安全、防火和环保要求。

二、施工总平面图设计

1. 设计依据

(1) 工程位置图、规划图、总平面图、竖向布置图和地下设施布置图等。
(2) 工程建设总工期、分期建设情况与要求。
(3) 施工部署和主要单位工程施工方案。
(4) 工程施工总进度计划。
(5) 主要材料、构件和设备的供应计划及周转周期。
(6) 主要材料、构件和设备的供货与运输方式。

(7) 各类临时设施的类别、数量等。

2. 设计内容

(1) 一切地上和地下已有的和拟建的建筑物、构筑物及其他设施(道路、铁路和各种管线等)的位置和尺寸。

(2) 一切为工程项目建设服务的临时设施,包括施工用道路、铁路;各类加工厂、仓库和堆场;行政管理和文化生活福利用房;临时给排水管线和供电线路、蒸汽和压缩空气管道;防洪设施,安全防火设施;取土弃土地点,等等。

(3) 永久性和半永久性测量用的水准点、坐标点、高程点、沉降观测点等。

3. 设计步骤

第1步:确定运输线路,设计施工总平面图时,首先应确定主要材料、构件和设备等进入施工现场的运输方式,如铁路、公路、水路。

第2步:布置仓库和堆场,各类材料构配件的堆放场地必须结合现场地形、永久性设施、运输道路以及施工进度等进行综合安排,同时考虑各专业工种的特点及施工工艺的需要。

例如:土建工程用的钢筋、模板、脚手架、砖和墙板等围护结构,在工业厂房的施工中,可沿厂房纵向布置在柱列外侧;在民用建筑施工中,则尽可能布置在塔式起重机等起重设备的工作半径之内。

第3步:布置场内临时道路,明确各段道路上的运输负担,区别主要道路和次要道路,满足车辆的安全行驶。

第4步:布置行政和生活这类临时建筑设施,包括行政管理和辅助生产用房、居住用房、生活福利用房。

第5步:布置临时水、电管网和其他动力设施,如给水管和供电干线一般沿主干道路布置,主要供水、供电管线采用环状,孤立点可用支状;消防站一般布置在工地的出入口附近,并沿道路设消防水栓;利用现场附近已有的高压线路或发电站及变电所布置设施。

三、单位工程施工平面图设计

单位工程施工平面图是施工方案在现场空间上的体现,反映已建工程和拟建工程之间,以及各种临时建筑、设施之间的空间关系。

1. 设计依据

设计时依据的资料有:①工程施工图和现场地形图;②一切已建和拟建的地上地下管道布置资料;③可用的房屋及设施情况;④施工组织总设计(如施工总平面图等);⑤单位工程的施工组织设计文件(如施工方案、施工方法、施工进度计划及各项资源需用量计划等);⑥有关安全、消防、环境保护、市容卫生方面的文件及法规。

2. 设计内容

(1) 已建及拟建的永久性建筑物、构筑物及其他设施的位置和尺寸。

(2) 为工程施工服务的临时设施,包括材料仓库、堆场、钢筋加工棚、木工房、生活及行政办公用房等。

(3) 临时道路及其与场外交通的连接。

(4) 临时给排水管线、供电线路、蒸汽及压缩空气管道等。

(5)垂直运输设施的布置。
(6)测量轴线及定位线标志,永久性水准点位置。
(7)安全防火设施的位置。

3. 设计步骤

第1步:确定起重机械的位置,起重机械包括塔吊(轨道式、固定式)、井架、龙门架及汽车起重机械等几种。塔吊的布置主要根据塔吊的平面位置、塔吊的服务范围、起吊高度和起重量等几个因素来考虑。

(1)塔吊的平面位置,主要取决于建筑物的平面形状和四周场地条件。

轨道式塔吊:一般应在场地较宽的一侧沿建筑物的长度方向布置,布置方法有沿建筑物单侧布置、双侧布置和跨内布置三种。

固定式塔吊:一般布置在建筑物中心,或建筑物长边的中间。

(2)塔吊的服务范围(最大回转半径),如图3.30所示。

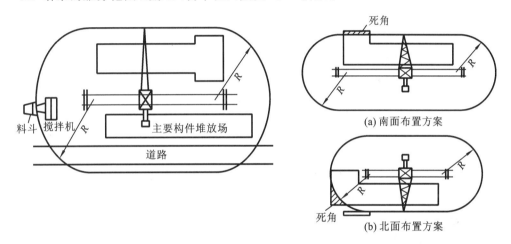

图3.30 塔吊的服务范围图

(3)起吊高度。

(4)起重量(验算:最重构件、最远距离)。

第2步:确定搅拌站、加工棚和材料、构件堆场的位置应尽量靠近使用地点或在起重机能力范围内。

(1)搅拌站的位置应尽可能布置在垂直运输机械附近,以减少混凝土及砂浆的水平运距。在浇筑大型混凝土基础时,可将混凝土搅拌站直接设在基础边缘,待基础混凝土浇好后再转移。

(2)加工棚可布置在建筑物四周。

(3)仓库和堆场的位置应根据各施工阶段的需要和材料设备使用的先后顺序来进行布置,提高场地使用的周转效率。

第3步:布置运输道路应尽可能利用永久性道路,满足消防要求,消防车道宽度不小于3.5 m,汽车单行道的现场道路最小宽度为3 m,双行道的最小宽度为6 m。

第4步:布置临时设施,可分为生产性和生活性两类。

第 5 步：布置临时水电管网包括临时供水的布置（供水管网布置、管径的大小）和临时供电的布置。

四、大型临时设施的计算和布置

1. 临时仓库和堆场

临时仓库和堆场的形式有转运仓库、中心仓库、工地仓库。

临时仓库和堆场的计算和布置工作一般包括以下几个方面。

（1）确定各种材料、设备的储存量。

$$P = T_c \frac{Q_i K_i}{T}$$

式中：P——材料的储备量（m^3 或 t）；

T_c——储备期定额（天）；

Q_i——材料、半成品等总的需要量；

T——有关项目的施工总工作日；

K_i——材料使用不均匀系数。

（2）确定仓库和堆场的面积及外形尺寸。

$$F = \frac{P}{qK}$$

式中：F——仓库总面积（m^2）；

P——仓库材料储备量（m^3 或 t）；

q——每 1 m^2 仓库面积存放的材料、制品的数量；

K——仓库面积利用系数（考虑人行道和车道所占面积）。

（3）选择仓库的结构形式，确定材料、设备的装卸方法。

（4）确定仓库和堆场的位置。

2. 临时建筑物

临时建筑物为现场管理和施工人员所使用的行政管理和生活福利建筑物。

临时建筑物的计算和布置一般包括以下几个方面。

（1）计算施工期间使用这些临时建筑物的人数；

$$S = N \times P$$

式中：S——建筑面积（m^2）；

N——人数；

P——建筑面积指标。

（2）确定临时建筑物的修建项目及其建筑面积；

（3）选择临时建筑物的结构形式；

（4）临时建筑物位置的布置。

3. 临时供水

临时供水包括生产用水（一般生产用水 q_1 和施工机械用水 q_2）、生活用水（施工现场生活用水 q_3 和生活区生活用水 q_4）和消防用水 q_5 三部分。

建筑工地供水组织一般包括以下几个方面。

(1) 计算用水量(q_1、q_2、q_3、q_4、q_5)。其中

$$q_1 = \frac{k_1 \sum Q_1 N_1 k_2}{T_1 b \times 8 \times 3600}$$

式中：q_1——一般生产用水量(L/s)；

Q_1——最大年度工程量；

N_1——施工用水定额；

k_1——未预见的施工用水系数(1.05～1.15)；

T_1——年度有效工作日(d)；

k_2——用水不均衡系数；

b——每日工作班数。

总用水量 Q 由下列情况分别确定：

① 当 $(q_1+q_2+q_3+q_4) \leqslant q_5$ 时，$Q = q_5 + \frac{1}{2}(q_1+q_2+q_3+q_4)$；

② 当 $(q_1+q_2+q_3+q_4) > q_5$ 时，$Q = q_1+q_2+q_3+q_4$。

(2) 选择供水水源(满足用水量、水质)。

(3) 选择临时供水系统的配置方案(环式、枝式管网)。

(4) 设计临时供水管网。

(5) 设计供水构筑物和机械设备等。

4．临时供电

(1) 用电量计算(施工用电和照明用电)。

施工用电：$\quad P_c = (1.05 \sim 1.10)(k_1 \sum P_1 + k_2 \sum P_2)$

式中：P_c——施工用电量(kW)；

k_1、k_2——设备同时使用时的系数；

P_1——各种机械设备的用电量(kW)；

P_2——电焊机的用电量(kW)。

照明用电：$\quad P_0 = 1.10(k_2 \sum P_3 + k_3 \sum P_4)$

式中：P_0——照明用电量(kW)；

k_2、k_3——室内、外照明设备同时使用系数；

P_3——室内照明用电量(kW)；

P_4——室外照明用电量(kW)。

(2) 电源选择。

(3) 变压器确定。变压器的功率可按下式计算：

$$P = \frac{K \sum P_{\max}}{\cos\varphi}$$

式中：P——变压器的功率(kV·A)；

K——功率损失系数，可取 1.05；

P_{max}——变压器服务范围内的最大计算负荷(kW);

$\cos\varphi$——功率因数,一般采用 0.75。

根据计算所得的容量以及高压电源电压和工地用电电压,可以从变压器产品目录中选用相近的变压器。

(4) 导线截面选择。应满足下列要求:①先根据电流强度进行选择,保证导线能持续通过最大的负荷电流而其温度不超过规定值;②再根据容许电压损失选择;③最后对导线的机械强度进行校核。

(5) 供电线路布置,包括环状、枝状。

5. 施工平面布置评价

(1) 设施费用指标的计算公式如下:

$$B = 1 - \alpha \left(\sum K_1 L + \sum K_2 A + \sum K_3 S \right) \div G$$

式中:B——临时设施费用节约率(%);

K_1、L——各项线性临时设施的单位长度的费用(元/m)和长度(m);

K_2、A——生产、生活临时设施的单位造价(元/m²)和建筑面积(m²);

K_3、S——各种堆场及仓库设施的单位费用(元/m²)和面积(m²);

α——不可预见系数;

G——临时设施费用企业定额(元)。

(2) 施工场地的利用率的计算公式如下:

$$D = \frac{\sum \alpha_1 + \sum \alpha_2 + \sum \alpha_3 + \sum \alpha_4}{A_0 - A_p}$$

式中:D——施工场地利用率(%);

A_0——施工占地面积(m²);

A_p——永久性建筑设施的占地面积(m²);

α_1——各项临时建筑的占地面积(m²);

α_2——各项临时道路的占地面积(m²);

α_3——各项堆场及仓库的占地面积(m²);

α_4——其他为施工服务的临时设施占地面积(m²)。

(3) 场内运输量指标:场内运输量指标反映各项临时设施、堆场和仓库位置及运输线路的布置是否经济合理。计算公式如下:

$$P = 1 - \left[\sum_{i=1}^{n} Q_i \times L_i e_i \right] \div E$$

式中:P——场内运输费用节约率(%);

Q_i、L_i、e_i——分别为各项材料、构件、设备等在施工现场内部运输的重量(t)、运输的距离(km)和吨公里运输费(元/(t·km));

E——场内运输费的控制指标(元)。

(4) 场地管理效率:场地管理效率 M 可以衡量现场管理措施和方案的优劣。计算公式为

$$M=1/n(C_1+C_2+C_3+\cdots)$$

式中：M——场地管理效率；

C_1——施工现场剩余土方、废料和垃圾等的处理方案系数；

C_2——施工现场的平整方案系数；

C_3——场内积水的处理方案系数。

(5) 综合评价指标的计算公式为：
$$V = (\beta_1 B + \beta_2 D + \beta_3 P + \beta_4 M)$$

式中：V——施工平面图设计的综合评价系数，$0 \leqslant V \leqslant 10$；

β_1、β_2、β_3、β_4——相应指标的权重系数，可分别取 0.30、0.25、0.30、0.15。

综合评价指标 V 越大，说明施工平面设计的效果越好。

学习情境四　建筑工程施工管理实务

子学习情境 1　建筑工程施工技术管理

一、施工技术管理组织体系

现场的施工技术管理组织体系是指施工企业为实施承建工程项目管理的技术工作班子,包括项目工程师、各专业技术员、施工员等,其组织系统如图 4.1 所示。

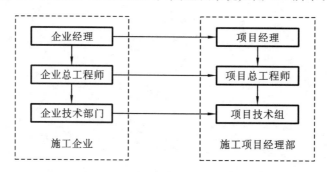

图 4.1　施工技术管理组织体系图

二、技术管理基本制度

1. 施工技术管理责任制

施工技术管理责任制是对各个岗位的技术工作人员必须履行的职责、权限、工作程序、要求、评估标准、考核办法、责任承担等作出的具体规定。

2. 技术交底制度

技术交底的主要内容有合同交底、设计图交底、施工组织设计交底、设计变更交底、新技术交底等。技术交底是一项经常性的工作,应分级分阶段进行。

3. 技术复核制度

凡是涉及定位轴线、标高、尺寸、配合比、皮数杆、横板尺寸、预留洞口、预埋件的材质、型号、规格、吊装预制构件强度等,都必须根据设计文件和技术标准的规定进行复核检查,并做好记录和标识。

4. 施工组织设计文件审批制度

施工组织设计文件审批制度是指在征求承包商主管生产的领导意见,并经总工程师审查后,报监理工程师审批,同时报业主备案的审批制度。

5. 设计变更和技术核定管理制度

设计变更是指由于业主的需要或设计单位出于某种改善性的考虑,以及现场实际条件的变化等各方面原因,导致施工图的设计变更。这不仅关系到施工依据变化,而且涉及工程量的增减变化,因此需要用技术核定管理制度来核定。

6. 施工日记制度

施工日记真实而客观地记录了从工程开工到竣工的每天现场施工状况的动态过程,包括当天的气象、施工部位和作业内容、作业能力效率和施工质量、例行检查和施工巡视所发现的问题、各种施工指令的传达与执行、施工条件变化及影响因素、对策措施、整改实情与结果等。

7. 图样会审制度

图样会审一般由建设单位(或监理工程师)负责组织,设计单位交底,施工单位参加,进行集体会审。

图样会审的要点:全部设计图样及说明齐全、清楚、明确、无矛盾;施工的新技术及特殊工程和复杂设备的技术可能性和必要性;重点工程和具有普遍性工程的推行方法是否妥当;设计文件中提出的概算是否合理。

三、技术管理基础工作

1. 施工技术法规性文件

施工技术法规性文件是指各种有关施工技术的标准、规范、规程或规定。技术标准有国家标准、行业标准和企业标准,是建立和维护正常的生产和工作秩序应遵守的准则。

2. 技术原始记录

技术原始记录是指包括建筑材料、构配件、工程用品及施工质量检验、试验、测定记录、图纸会审和设计交底记录,以及设计变更、技术核定记录、工程质量及安全事故分析与处理记录、施工日记等。

3. 技术档案

技术档案是指设计文件及施工组织设计文件、施工方案或大纲、施工图放样、技术措施等施工现场实际运作所形成各类技术资料的分类、立卷、归档、保管等。

4. 技术情报

技术情报是指反映国内外建筑科学技术最新发展动态的资料和信息,是企业技术发展必不可少的"第二资源"。技术情报工作的内容包括:①建立和完善专门的机构,配备专职人员;②要及时、可靠、有针对性地收集情报,紧密配合企业的生产、科研需要;③通过交流、采购、复制、有偿转让等途径进行广泛收集;④及时整理、分析所收集的情报资料;⑤提高职工的技术素质。职工的技术素质是提高企业技术管理水平的基础。企业通过学习国内外先进技术,积极开展科学研究,普及职工技术培训、技术教育,不断进行知识更新和技术创新等,来达到提高职工技术素质的目的。

5. 计量工作

计量工作是指开展经常性的计量工作知识培训,明确现场计量工作标准,正确配置计量器具,及时修理更换计量器具,以确保计量器具经常处于完好状态。

子学习情境 2　建筑工程施工质量管理

一、工程项目质量的概念

广义的质量是指"实体满足明确或隐含需要的能力的特性的总和"。工程项目质量是指工程满足业主需要的,符合国家法律、法规、技术规范与标准、设计文件及合同规定的特性的总和。

工程项目质量的特点:①影响工程项目质量因素多;②工程项目质量波动大;③工程项目质量具有隐蔽性;④工程项目质量的终检具有局限性;⑤工程项目质量评价方法具有特殊性。

二、质量管理发展简史

(一)质量检验阶段(1920—1940 年)

质量检验是在成品中挑出废品,以保证出厂产品质量。但这种事后检验把关,无法在生产过程中起到预防、控制的作用。废品已成事实,很难补救,且百分之百的检验,增加检验费用。在生产规模进一步扩大和大批量生产的情况下,质量检验的弊端就突显出来。

(二)统计质量管理阶段(1940—1950 年)

这一阶段的特征是数理统计方法与质量管理的结合。它对质量的控制和管理只局限于制造和检验部门,忽视了其他部门的工作对质量的影响,既不能充分发挥各个部门和广大员工的积极性,也制约了它的推广和运用。

(三)全面质量管理阶段(20 世纪 60 年代至今)

全面质量管理是为了能够在最经济的水平上并在考虑到充分满足用户要求的条件下进行市场研究、设计、生产和服务,把企业各部门的研制质量、维持质量和提高质量活动构成为一体的有效体系。

三、全面质量管理简介

(一)全面质量管理的基本观点

(1)质量第一的观点;

(2)用户至上的观点;

(3)预防为主的观点;

(4)全面管理的观点;

(5)一切用数据说话的观点;

(6) 通过实践,不断完善提高的观点。

(二) 工程质量保证体系

1. 设计施工单位的全面质量管理保证体系

(1) 以检查为手段的质量保证;

(2) 以工序管理为手段的质量保证;

(3) 以"四新"为手段的质量保证;

(4) 以全面质量管理为手段的质量保证。

2. 建设监理单位的质量检查体系

监理单位受建设单位(业主)委托,按照监理合同对工程建设参与者的行为进行监控和督导。其任务就是从组织和管理的角度采取措施,以合同为依据,对项目实施过程的进度、投资和质量进行"三大控制",而质量控制又是监理工作的核心内容。监理单位质量控制的内容包括:审查承包单位选择的分包单位;组织设计交底和图样会审,审查设计变更;审查承包单位提出的施工技术措施、安全施工措施和度汛方案等;检查用于工程的设备、材料和构配件的质量;采取旁站、巡视或平行试验等形式对施工工序和过程的质量进行监控;核实工程量,签发工程付款凭证,审查工程结算;督促施工承包单位履行承包合同,调解合同双方的争议;督促整理承包合同文件和技术档案资料;协助业主搞好各阶段的工程验收和主持竣工初验工作,提出竣工验收报告等。对质量可疑的部位,监理工程师有权进行抽检,并要求施工单位对不合格或者有缺陷的工程部位进行返工或修补。

实践证明,监理单位的质量控制体系,对强化工程质量管理工作、保证工程建设质量起到十分重要的作用。

3. 政府部门的工程质量监督体系

为了保证建设工程质量、保障公共安全、保护人民群众和生命财产安全,国务院《建设工程质量管理条例》规定,政府必须加强建设工程质量的监督管理。国家对建设工程质量的监督管理,主要是以保证建设工程使用安全和环境质量为主要目的,以法律法规和强制性标准为依据,以工程建设实物质量和有关的工程建设单位、勘察设计单位、监理单位及材料、配件和设备供应单位的质量行为为主要内容,以监督认可与质量检验为主要手段。

需要说明的是,政府质量监督并不局限于某一个阶段或某一个方面,而是贯穿于建设活动的全过程。因此,建设工程质量的监督管理职责常常由建设行政主管部门或者其他有关部门委托的工程质量监督机构来承担。

(三) 全面质量管理的基本工作方法

全面质量管理的基本方法,即 PDCA 循环方法,包括:策划(plan)、实施(do)、检查(check)、处置(act)。PDCA 循环划分为四个阶段八个步骤。

第一阶段是策划阶段(即 P 阶段)。即制定质量方针、管理目标、活动计划和项目质量管理的具体措施,具体工作步骤可分为四步。

第一步:分析现状,找出存在的质量问题。

第二步:分析产生质量问题的原因和影响因素。

第三步：找出影响质量的主要原因或影响因素。

第四步：制定改进质量的技术组织措施，提出执行措施的计划，并预计其效果。

第二阶段是实施阶段（即 D 阶段）。

第五步：实施措施和计划。按照第一阶段制定的措施和计划，组织各方面的力量分头去认真贯彻执行。

第三阶段是检查阶段（即 C 阶段）。

第六步：将实施效果与预期目标对比，检查执行的情况，看是否达到了预期效果，并提出哪些做对了？哪些还没达到要求？哪些有效果？哪些还没有效果？再进一步找出问题。

第四阶段是处置阶段（即 A 阶段）。

第七步：总结经验，纳入标准。

第八步：把遗留问题，转入到下一轮 PDCA 循环解决，为下一期计划提供数据资料和依据。

（四）全面质量管理的七种工具

1. 排列图法

1）排列图的做法

(1) 收集整理数据。

(2) 排列图的绘制：①画横坐标；②画纵坐标；③画频数直方形；④画累计频率曲线。排列图数据见表 4.1，相应的排列图见图 4.2。

表 4.1　不合格项目频数统计表

序　号	项　目	频　数	频率/(%)	累计频率/(%)
1	表面平整度	75	50.0	50.0
2	截面尺寸	45	30.0	50.0+30.0=80.0
3	平面水平度	15	10.0	80.0+10.0=90.0
4	垂直度	8	5.3	90.0+5.3=95.3
5	标高	4	2.7	95.3+2.7=98.0
6	其他	3	2.0	98.0+2.0
合计		150	100	100

2）排列图的观察与分析

(1) 观察直方形。

(2) 利用 ABC 分类法，确定主次因素。

将累计频率值分为以下三类：

① 0～80%，为 A 类，主要因素；

② 80～90%，为 B 类，次要因素；

③ 90～100%，为 C 类，一般因素。

3）排列图的应用

(1) 按不合格点的缺陷形式分类，可以分析出造成质量问题的薄弱环节。

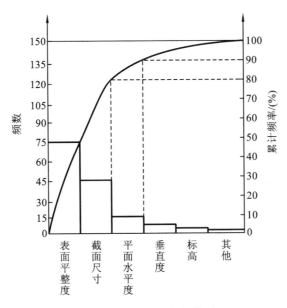

图 4.2 不合格项目频数排列图

(2) 按生产作业分类,可以找出生产不合格品最多的关键过程。
(3) 按生产班组或单位分类,可以分析比较各单位技术水平和质量管理水平。
(4) 将采取提高质量措施前后的排列图进行对比,可以分析采取的措施是否有效。
(5) 还可以用于成本费用分析、安全问题分析等。

2. 因果分析图法

因果分析图是整理分析质量问题(结果),以及与其产生原因之间关系的有效工具。因果分析图也称特性要因图,又因其形状特征常被称为树枝图或鱼刺图,见图 4.3。

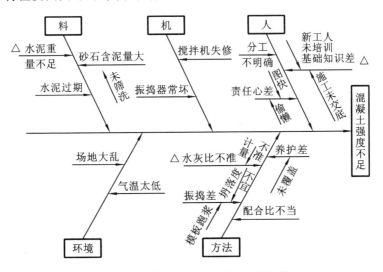

图 4.3 混凝土强度不足的因果分析图

因果分析图的绘制步骤:

(1) 明确质量问题——结果。画出质量特性的主干线,箭头指向右侧的一个矩形框,框内注明研究的问题,即结果。

(2) 分析确定影响质量特性大的方面原因。一般从人、机、料、工艺、环境方面进行分析。

(3) 将大原因进一步分解为中原因、小原因,直至可以采取具体措施加以解决。

(4) 检查图中所列原因是否齐全,做必要的补充及修改。

(5) 选择影响较大的因素作出标记,以便重点采取措施。

3. 频数分布直方图法

频数分布直方图法,简称直方图法,是将收集到的质量数据进行分组整理,绘制成频数分布直方图,用以描述质量分布状态的一种分析方法,所以又称质量分布图法,如图 4.4 所示。

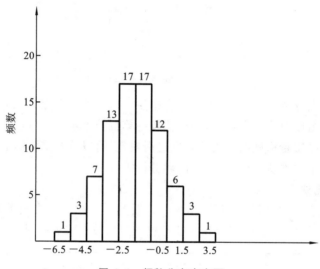

图 4.4 频数分布直方图

1) 直方图的绘制方法

(1) 收集整理数据。

(2) 计算极差 R。

(3) 确定组数 K、组距 H、组限。

(4) 编制数据频数统计表。

(5) 绘制频数分布直方图。

2) 直方图的观察与分析

观察直方图的形状,判断质量分布状态。

不正常直方图如图 4.5 所示,包括:①折齿型;②左(或右)缓坡型;③孤岛型;④双峰型;⑤绝壁型。

4. 控制图法

控制图又称管理图,是在直角坐标系内画有控制界限,描述生产过程中产品质量波动状态的图形。利用控制图区分质量波动原因,判断生产工序是否处于稳定状态。

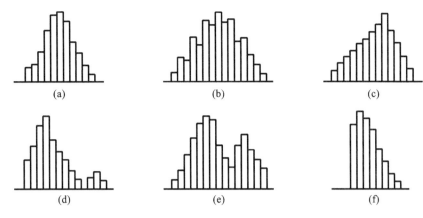

图 4.5 不正常分布直方图

1）控制图的基本形式及其作用

（1）控制图的基本形式。

横坐标为样本（子样）序号或抽样时间，纵坐标为被控制对象，即被控制的质量特性值。控制图上一般有三条线：上控制界限（UCL），下控制界限（LCL），中心线（CL），如图 4.6 所示。

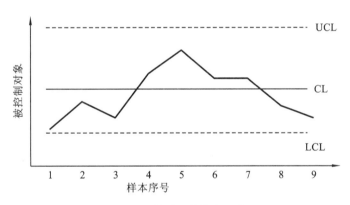

图 4.6 控制图的基本形式

（2）控制图的作用。

① 过程分析，即分析生产过程是否稳定。

② 过程控制，即控制生产过程质量状态。

2）控制图的原理

任何一个生产过程的产品总是会有所差别的，这就是质量特征值的波动性，或称质量数据的差异性。

造成质量数据差异性的原因有人员、材料、机具、方法和环境五个方面。

归纳起来为两大类原因：一类是偶然性原因，具有随机性的特点；一类是系统性原因，也称异常原因因素，对质量波动影响很大，容易产生次品或废品。

3）控制图的种类

控制图按用途分类分为以下两种。

① 分析用控制图:用来调查分析生产过程是否处于控制状态。
② 管理用控制图:用来控制生产过程,使之经常保持在稳定状态。
4) 控制图的绘制方法
(1) 选定被控制的质量特性,即明确控制对象。
(2) 收集数据并分组。
(3) 确定中心线和控制界限。
(4) 描点分析。
5) 控制图的观察与分析
绘制控制图的目的是分析判断生产过程是否处于稳定状态。
当控制图同时满足以下两个条件:一是点子全部落在控制界限之内;二是控制界限内的点子排列没有缺陷。此时可以认为生产过程基本处于稳定状态,否则应判断生产过程为异常。如图 4.7 所示。

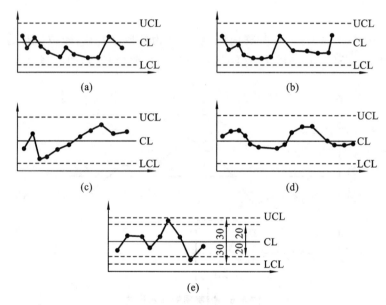

图 4.7 控制图的不同状态

四、工程项目质量控制原理

按照项目施工程序,制定工程项目质量规划,运用全面质量管理的 PDCA 循环和质量管理七种工具,以及相应的控制手段,对项目施工准备质量、施工过程质量和竣工验收质量进行全过程、全方面控制。

1. 根据工程施工质量形成的时间阶段划分

(1) 事前控制,通过预先控制而达到防止施工中发生质量问题的目的,从以下两个方面入手:
① 做好施工准备工作,做好质量的全面检查与控制;
② 做好有关工作的质量保证,如技术交底、设计变更等。

（2）事中控制，也称过程控制，主要包括工序质量控制、施工质量跟踪监控、施工过程中的设计变更或修改、施工过程中的工序产品和重要工程部位的检查验收、处理施工质量缺陷。

（3）事后控制，即施工过程的跟踪检查，发现质量问题、事故和缺陷，通过分析原因，采取有效的对策措施，加以纠正。

2. 质量控制点

质量控制点是工程施工质量控制的重点。根据对重要的质量特性进行重点控制的要求，选择质量控制的重点部位、重点工序和重点质量因素作为质量控制点。

（1）施工过程中的关键工序或环节以及隐蔽工程，例如预应力结构的张拉工序，钢筋混凝土结构中的钢筋架立；

（2）施工中的薄弱环节或质量不稳定的工序、部位或对象，例如地下防水层施工；

（3）对后续工程施工质量或安全有重大影响的工序、部位或对象，例如预应力结构中的预应力钢筋质量、模板的支撑与固定等；

（4）采用新技术、新工艺、新材料的部位或环节；

（5）施工上无足够把握的、施工条件困难的或技术难度大的工序或环节，例如复杂曲线模板的放样等。

凡是影响设置质量控制点的因素都可以作为质量控制点的对象，如人工、材料、机械设备、施工环境、施工方法。

五、现场施工质量控制的基本环节

现场施工质量控制的基本环节包括图纸会审、技术复核、技术交底、设计变更、三令管理、隐蔽验收、三检结合、样板先行、级配管理、材料检验、施工日记、质保资料、质量验评和成品保护等。

1）三令管理

在工程施工中，沉桩、挖土、混凝土浇灌等均需纳入命令施工管理的范围，即三令管理。

2）三检结合

三检制是指操作人员"自检"、"互检"和专职质量管理人员的"专检"相结合的检验制度。

3）隐蔽工程验收

凡分项工程的施工结果被后面施工所覆盖的均应进行隐蔽工程验收，隐蔽工程验收记录应列入工程档案。未经隐蔽工程验收或验收不合格，不得进行下道工序施工。隐蔽工程验收的主要内容如表4.2所示。

表4.2 隐蔽工程验收的主要内容

项　　目	检查验收内容
基础工程	土质情况、基坑尺寸、标高、桩位数量、打桩记录、人工地基试验记录
钢筋工程	品种、规格、数量、位置、形状、焊接尺寸、接头位置、预埋件的数量及位置等
防水工程	屋面、地下室、水下结构的防水层数、措施和质量情况
上下水、暖暗管	位置、标高、坡度、试压、通水试验、焊接、防锈、防腐、保温及预埋件等

续表

项 目	检查验收内容
暗配电气线路	位置、规格、标高、弯度、防腐、接头、电缆耐压绝缘试验、地线、接地电阻等
其他	完工后无法进行检查的工程、重要结构部位和有特殊要求隐蔽工程

4）质量验收

分项工程、分部工程、单位工程等在施工完成后，均需按国家规定的质量检验与评定标准进行质量验收活动。质量验收应在自检、专业检验的基础上，由专职质量检查员或者企业的技术质量部门进行核实。

5）成品保护

在施工过程中或工程移交前，施工单位必须负责对已完部分或全部采取妥善措施予以保护。成品保护在机电设备安装和装修施工阶段显得尤为重要。

六、施工质量检验验收

1. 检验批质量合格规定

（1）主控项目和一般项目的质量经抽样检验合格。

（2）具有完整的施工操作依据、质量检查记录。

所谓主控项目是指建筑工程中的对安全、卫生、环境保护和公众利益起决定性作用的检验项目。主控项目是对检验批的基本质量起决定性影响的检验项目，其不允许有不符合要求的检验结果，即这种项目的检查具有否决权。因此，主控项目必须全部符合有关专业工程验收规范的规定。所谓一般项目是指除主控项目以外的检验项目。

质量控制资料反映了检验批从原材料到最终验收的各施工工序的操作依据、检查情况以及保证质量所必须的管理制度等。对其完整性的检查，实际是对过程控制的确认，这是检验批合格的前提。

2. 分项工程质量验收合格规定

（1）分项工程所含的检验批均应符合合格质量的规定。

（2）分项工程所含的检验批的质量记录应完整。

分项工程的验收是在检验批的基础上进行的。一般情况下，两者具有相同或相近的性质，只是批量的大小不同而已。

3. 分部（子分部）工程质量验收合格规定

（1）分部（子分部）工程所含分项工程的质量均应验收合格。

（2）质量控制资料应完整。

（3）地基与基础、主体结构和设备安装等分部工程有关安全及功能的检验和抽样检测结果应符合有关规定。

（4）观感质量验收应符合要求。

4. 单位（子单位）工程质量验收合格规定

（1）单位（子单位）工程所含分部（子分部）工程的质量均应验收合格。

（2）质量控制资料应完整。

（3）单位（子单位）工程所含分部工程有关安全和功能的检测资料应完整。
（4）主要功能项目的抽查结果应符合相关专业质量验收规范的规定。
（5）观感质量验收应符合要求。

单位工程质量验收也称质量竣工验收，是施工项目投入使用前的最后一次验收，也是最重要的一次验收。

子学习情境 3　建筑工程进度管理

一、基本原理

施工进度管理是一个多环节组成的动态循环过程，它包括进度规划、控制和协调。施工进度动态管理的基本原理如图 4.8 所示。

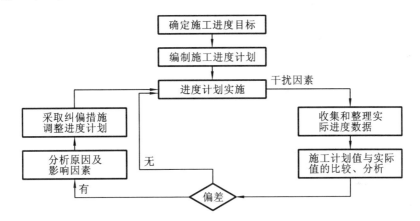

图 4.8　施工进度动态管理基本原理图

主要环节：
（1）首先，要明确施工项目的进度目标，并进行适当的分解，编制施工进度计划；
（2）在施工进度计划实施过程中，定期搜集和整理实际进度数据，并与计划进度值进行分析和比较；
（3）一旦发现进度偏差，应及时分析产生原因，采取必要的纠偏措施或调整原进度计划；
（4）如此不断循环，直到工程竣工交付使用为止。

二、施工进度数据的收集与分析

实际施工进度数据可采用以下方式收集：

有关进度记录、报表、报告（如周施工进度简报和月度施工综合进度报告等）；工程统计资料；现场实物工程量勘察和测量；施工协调会议。

1. 横道图比较法

例如,某设备安装工程的施工实际进度与计划进度比较。在第 4 天对施工进度检查时,土建预埋工作已完成;房间布线按计划完成 30%,没有偏差;家具制作工作实际进度比计划进度提前两天,提前完成任务,相应的横道图见图 4.9。

序号	工作名称	工作时间/天	施工进度/天							
			1	2	3	4	5	6	7	8
1	土建预埋	3	×××	×××	×××					
2	房间布线	2				×××				
3	家具制作	4				×××	×××			
4	设备安装	2								
5	设备调试	1								

图 4.9 横道图

注:空心细线表示计划进度,涂黑部分表示实际进度。

2. 网络图分析法

假设某分部工程开工后第 8 天检查计划进度的执行情况,D 工作已进行了 1 天;B 工作由于设计变更,暂停了 5 天,实际进行了 3 天,相应的网络图见图 4.10。

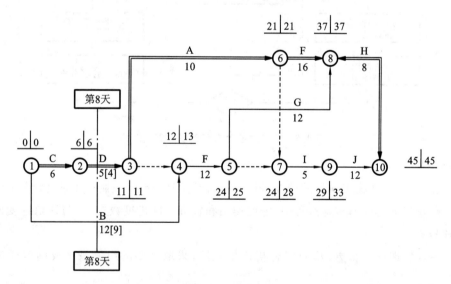

图 4.10 网络图

通过比较分析发现:①D 工作拖延了 1 天,由于它是关键工作,会影响工期 1 天;②B 工作拖延 5 天,由于总时差为 1 天,故会影响工期 4 天。③由于 D 工作和 B 工作的拖延,使机械设备的闲置时间也产生了变化。D 工作与 A 工作之间仍连续,A 工作与 I 工作之间的闲置时间为 29-21=8(天)。

当采用双代号时标网络计划时,可采用实际进度前锋线的方法来比较和分析施工进度如图 4.11 所示。工作实际进度前锋点的标定有以下两种方法。

(1)按已完的工程实物量来标定;
(2)按尚需工作时间来标定。

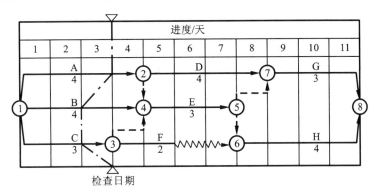

图 4.11 双代号时标网络计划图

3. S 形曲线比较法

如图 4.12 所示,S 形曲线的绘制步骤如下:
(1)确定施工进度计划及各项工作的时间安排;
(2)通过求和,确定整个施工计划的单位时间内完成任务量的分布;
(3)将各时段单位时间内完成的任务量($Q(i)$)随时间进展累加求和;
(4)根据相应时段内累计完成任务量(P_t),在坐标系中绘制 S 形曲线。

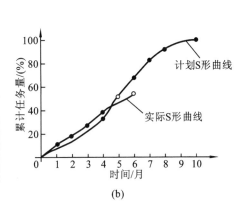

图 4.12 S 形曲线图

三、施工进度计划的调整

根据进度偏差的大小及影响程度,可分别采用下列两种调整方法(见图 4.13)。

1. 改变某些工作之间的逻辑关系

这种方法的特点是在不改变工作的持续时间和不增加各种资源总量情况下,通过改变工作之间的逻辑关系来完成。

通过调整施工的技术方法和组织方法,尽可能将依次施工改为平行施工或搭接施工,从而纠正偏差,缩短工期。同时,施工项目单位时间内的资源需求量将会增加。

2. 缩短某些工作的持续时间

这种方法的特点是不改变工作之间的逻辑关系,仅通过缩短网络计划中关键工作的持续时间来达到缩短工期的目的。

这种方法一般允许调整的时间幅度有限,且需采取一定的技术组织措施,例如:增加劳动力或增加机械设备的投入,改进施工方法,采用新技术、新材料和新工艺,提高生产效率等。

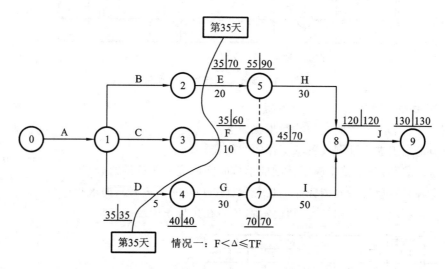

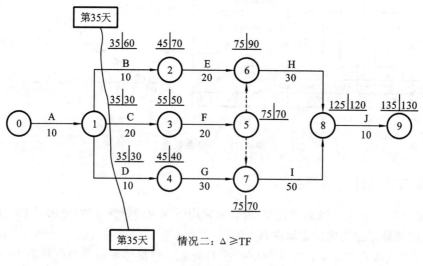

图 4.13

子学习情境 4 建筑工程现场资源管理

一、材料物资管理

1. 材料物资供应方式

根据现行的供应体制,材料物资供应基本分为以下两种类型。

(1) 甲供类。

建设单位对技术要求高、价格昂贵、市场差价大、对工程质量及投资影响大的材料物资,自行组织采购供应,并交施工单位进行施工安装。如主要运行设备、电缆、高低压供配电设备、大流量水泵以及配套电器控制测试设备、闭路电视系统、空调、车辆、重要装饰材料等。

(2) 乙供类。

对工程无特殊要求的一般建筑材料、一般机电安装材料、一般装饰材料,如水泥、黄砂、钢材、建筑五金、油漆、电线、保温材料、PVC管等,由施工单位按照设计要求组织采购。

2. 库存控制方

物资库存,按其数量和作用的不同可分为经常使用库存量、保险库存量、订货点库存量、最大库存量,如图 4.14 所示。

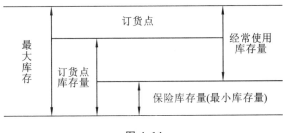

图 4.14

与库存量控制直接有关的有以下四个参数:

① 订购点,又称订货点,即提出订购时的库存量;

② 订购批量,即每次订购的物资数量;

③ 订购周期,即两次订购的时间间隔;

④ 进货周期,即两次进货的时间间隔。

库存量控制有以下两种基本类型。

(1) 定量库存控制法(固定订购批量的定量控制)。一种以固定订购点和订购批量为基础的库存量控制方法。如图 4.15 所示,订购点是提出订购的时间界限和提出订购时的库存量标准,由备运时间需要量和保险储备量两部分构成,即

$$订购点 = 备运时间需要量 + 保险储备量$$
$$= 平均备运天数 \times 平均每日需用量 + 保险储备量$$

(2) 定期库存控制法(固定订购周期的定期控制)。一种以固定检查和订购周期为基础的库存量控制方法。

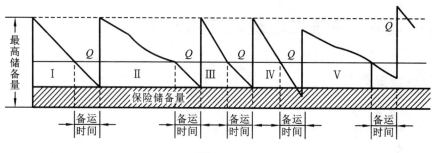

图 4.15

如图 4.16 所示,它对库存物资进行定期盘点,按固定的时间检查库存量并随即提出订购,补充至一定数量。订购时间是预先固定的,每次订购批量则是可变的,根据提出订购时盘点的实际库存量来确定。

订购批量＝订购周期需要量＋备运时间需要量＋保险储备量
－（现有库存量＋已订未到量）

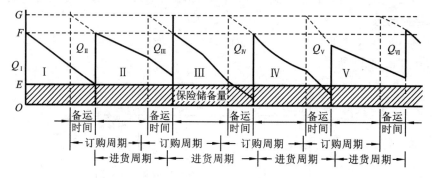

图 4.16

3. 经济订购的批量控制模型

经济订购批量是最经济的一次订购物资的数量,也就是存储总费用最低的一次订购数量。因此,研究经济订购批量,首先要分析物资存储系统的各种费用:订购物资总价、订购费用、保管费用(存储费用)、缺货损失费用。如图 4.17 所示。

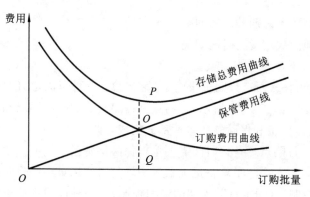

图 4.17

库存系统的存储总费用就是指订购费用、保管费用和缺货损失费用的总和。

设以 T 代表简单条件下的存储总费用；R 代表物资年需要量；C 代表物资单价；S 代表一次订购费用；K 代表年保管费率；Q 代表一次订购量，则

年订购费用 $\quad\quad\quad\quad\quad\quad\quad S=RS/Q$

年保管费用 $\quad\quad\quad\quad\quad\quad\quad K=QCK/2$

由于简单条件下的存储总费用为订购费用和保管费用之和，即

$$T=RS/Q+QCK/2$$

以最经济的订购批量

$$T=\sqrt{2RSCK}$$

代入 T 的公式，并求解：

$$Q=\sqrt{\frac{2RS}{CK}}$$

4. 物资 ABC 分类管理法

ABC 分类法的基本原理是进行主次因素分析，根据事物在技术或经济方面的主要特征进行分类排队，分清重点和一般，有区别地确定管理方式。

ABC 分析法应用于物资库存控制，就是将企业的全部物资按品种和占用资金的多少，划分成 A、B、C 三类，如图 4.18 所示。

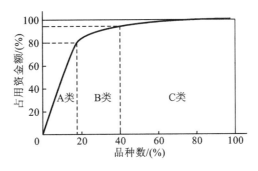

图 4.18 ABC 分析法

A 类：品种较少，而占用资金比重很大。
B 类：品种比 A 类多，而占用资金比 A 类少。
C 类：品种很多，而占用资金比重很小。

二、施工机械设备管理

1. 机械设备的选择

现场施工机械设备的配套必须考虑的因素：主机和辅机的配套关系；在综合机械化组列中前后工序机械设备之间的配套关系；大、中、小型工程机械及动力工具的多层次结构的合理比例关系。

多种机械的技术性能综合考虑，包括工作效率、工作质量、使用费和维修费、能源耗费量、占用的操作人员和辅助工作人员、安全性、稳定性、运输、安装、拆卸及操作的难易程度、

灵活性,在同一现场服务项目的多少,机械的完好性,维修难易程度,对气候条件的适应性,对环境保护的影响程度等。

在选择施工机械设备时,可采用盈亏平衡分析法,来计算机械设备单位工程量成本的高低,进行经济性选择。

在使用机械设备时,费用可分为两类:一类称为可变费用;另一类是按一定施工期限分摊的费用,称为固定费用。

单位工程量成本的计算公式如下:

$$C_u = \frac{F + V \times X}{X \times Q}$$

式中:C_u——机具的单位工程量成本;
F——一定时期的机械设备固定费用;
V——单位时间的变动费用;
X——机械设备使用时间;
Q——单位操作时间的产量。

2. 机械设备的保养与维修

1) 机械设备保养

例行保养:属于正常使用管理工作,它不占用机械设备的运转时间,由操作人员在机械运转间隙进行。

主要内容:保持机械的清洁,检查运转情况,防止机械腐蚀,按技术要求润滑等。

强制保养:隔一定周期,停工进行的保养。

2) 机械设备的修理

机械设备的修理可分为大修、中修、零星小修。

3. 机械设备管理的技术经济指标

机械设备完好率、机械设备利用率、机械设备能力利用率、施工机械化程度、机械事故发生率等。

三、施工资金管理

1. 资金收支预测与对比

施工项目资金收入预测结果和支出预测结果绘制在一个坐标图上(见图 4.19)。B、A 曲线之间的距离是相应时间收入与支出资金数之差,即为应筹措的资金数量。

2. 施工资金的筹措

施工资金的来源主要是预收工程备料款、已完施工价款结算、银行贷款、企业自有资金、其他项目资金的调剂占用。

如果以工程的合同价为 C,工程所需的周转资金为 C 的 $P_1\%$,业主给予的预付款 A 为 C 的 $P_2\%$,预期利润为 C 的 $P_3\%$,工期为 N 年,年平均利润率为 $P_A\%$,则承包商总利润额为

$$P = C(P_3 \div 100)$$

自有资金年平均利润率:

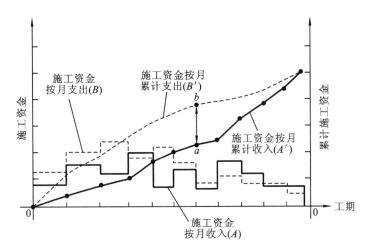

图 4.19

$$P_A = \frac{100P}{NS} \quad (\%)$$

预期利润 $P = $ 毛利润 $-$ 贷款利息
$$= C(P_3/100) - BN(P_4/100)$$

如该承包商可从银行借到贷款 B,利率为 $P_4\%$(单利),则可以承包的合同金额为

$$C = \frac{100(S+B)}{P_1 + P_2}$$

3. 资金动态分析

资金动态分析要求编制资金流动计划,由资金投入计划和资金回收计划组成,可用表格或图线形式表示。

假设某小型车间厂房的施工进度计划及各分项工程的持续时间和成本见图 4.20,据此可以编制资金投入计划和资金回收计划,如图 4.21 所示。

分项工程	总费用/万元	工作/月					
		1	2	3	4	5	6
土方开挖	9.00	4.5	4.5				
基础	12.00		4.0	4.0	4.0		
框架施工	18.00				12.0	6.0	
屋面曲面	15.00				15.0		
墙板吊绮	6.00				2.0	4.0	
设备安装	20.00						20.0
费用合计	80.00	4.5	8.5	4.0	33.0	10.0	20.0

图 4.20 施工进度计划表

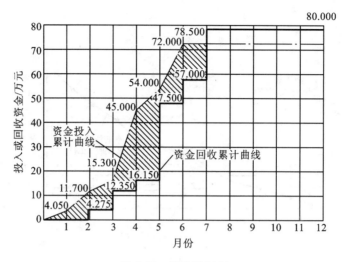

图 4.21 资金计划表

四、现场安全文明施工管理

按照 167 号国际劳动公约《施工安全与卫生公约》的要求,施工现场应该做到安全生产、文明施工、现场布置整齐有序。

1. 安全技术措施

(1) 临时用电施工组织设计;

(2) 大型机械的装拆方案;

(3) 劳动保护技术措施要求、计划;

(4) 危险部位和施工过程;

(5) 特殊工艺、设备、设施、材料专项安全措施要求和操作规定;

(6) 施工现场防火重点部位划分及防火要求、消防器材和设施的配置、动火审批、防火检查制度和措施。

2. 安全教育

管理不善是造成伤亡事故的主要原因之一,对伤亡事故分析表明,事故中有 89% 都不是因技术解决不了造成的,而是因违章所致。

安全教育的内容包括以下几个方面:

(1) 现场规章制度和遵章守纪教育;

(2) 工种岗位安全操作及班组安全制度、纪律教育;

(3) 建筑安装工人安全技术操作规程一般规定;

(4) 安全生产六大纪律:

① 进入现场必须戴好安全帽,系好帽带,并正确使用个人劳动防护用品;

② 2 m 以上的高处、悬空作业,无安全设施的,必须戴好安全带、扣好保险钩;

③ 高处作业时,不准往下或向上乱抛材料和工具等物件;

④ 各种电动机械设备必须有可靠有效的安全接地和防雷装置,方能开动使用;

⑤ 不懂电气和机械的人员,严禁使用和玩弄机电设备;

⑥ 吊装区域非操作人员严禁入内,吊装机械必须完好,把杆垂直下方不准站人。

"三宝":安全帽、安全带、安全网。

"四口":楼梯口、电梯井口、预留洞口、通道口。

"临边":未安装栏杆或栏板的阳台周边、无外脚手架防护的楼面与屋面周边、分层施工的楼梯与楼梯段边、施工电梯或外脚手架等通向建筑物的通道的两侧边、框架结构建筑的楼层周边、斜道两侧边、雨篷与挑檐边、水箱与水塔周边。

3. 安全检查

施工现场的安全检查,要严格按照强制性行业《建筑施工安全检查标准》(JGJ59—2011)执行。

安全检查类型包括以下几个方面。

(1) 日常性检查:日常性检查即经常的、普遍的检查。企业一般每年进行1~4次;工程项目组、车间、科室每月至少进行一次;班组每周、每班次都应进行检查。

(2) 专业性检查:专业性检查是针对特种作业、特种设备、特殊场所进行的检查,如电焊、气焊、起重设备,运输车辆,锅炉压力容器、易燃易爆场所等。

(3) 季节性检查:季节性检查是指根据季节特点,为保障安全生产的特殊要求所进行的检查。如春季风大,要着重防火、防爆,夏季高温多雨雷电,要着重防暑、降温、防汛、防雷击、防触电;冬季着重防寒、防冻等。

(4) 节假日前后的检查:节假日前后的检查是针对节假日期间容易产生麻痹思想的特点而进行的安全检查,包括节日前进行安全生产综合检查,节日后要进行遵章守纪的检查等。

(5) 不定期检查:不定期检查是指在工程或设备开工和停工前、检修中、工程或设备竣工及试运转时进行的安全检查。

安全管理检查表:《建筑施工安全检查标准》(JGJ59—2011),一张检查评分汇总表和10项分项检查评分表(见表4.3),权重分别为5%~10%。

表4.3 检查评分汇总表和10项分项检查评分表

企业名称:××建筑公司　　经济类型　　　　　　　　资质等级

单位工程(施工现场)名称	建筑面积 m²	结构类型	总计得分(满分分值100分)	项目名称及分值									
				安全管理(满分分值10分)	文明施工(满分分值20分)	脚手架(满分分值10分)	基坑支护与模板工程(满分分值10分)	"三宝""四口"防护(满分分值10分)	施工用电(满分分值10分)	物料提升与外用电梯(满分分值10分)	塔吊(满分分值10分)	起重吊装(满分分值5分)	施工机具(满分分值5分)
××住宅	6600	砖混结构											

评语:						
检查单位		负责人		受检项目		项目经理

4. 现场文明施工管理

文明施工的重点内容包括现场围挡、封闭管理、施工场地、材料堆放、现场住宿、现场防火等。文明施工一般内容还包括治安综合治理、施工现场标牌、生活设施管理等。

例如:文明施工检查评分表如表4.4所示。

表4.4 文明施工检查评分表

序号	检查项目		扣分标准	应得分数	扣减分数	实得分数
1	保证项目	文明施工组织设计	无文明施工组织设计的扣8分; 文明施工组织设计未经审批的扣8分; 文明施工组织设计内容不完善,不能指导施工的扣5分 (或施工现场与组织设计内容不相符)	8		
2		施工场地	工地地面未做硬化处理的扣5分; 道路不畅通的扣5分; 无排水设施、排水不畅通的扣4分; 无防止泥浆、污水、废水外流或堵塞下水道和排水河道措施的扣3分; 工地有积水的扣2分; 无绿化布置的扣4分; 施工垃圾的清运未设相应容器或管道运输的扣5分; 裸露的场地和集中堆放的土方未采取覆盖、固化或绿化等措施的扣5分; 施工现场焚烧各类垃圾及有毒有害物质的扣5分; 车辆出入口处没有采用混凝土路面和未设置冲洗设施的扣5分	10		
3		现场围挡	在市区主要路段的工地周围未设置高于2.5 m的围挡的扣8分; 一般路段的工地周围未设置高于1.8 m的围挡的扣8分; 围挡材料不坚固、不稳定、不整洁、不美观的扣5~7分; 围挡没有沿工地四周连续设置的扣3~5分	8		
4		封闭管理	施工现场进出口无大门的扣3分; 无门卫和无门卫制度的扣3分; 进入施工现场不佩戴工作卡和安全帽的扣3分; 门头未设置企业标志的扣3分	8		

续表

序号	检查项目		扣分标准	应得分数	扣减分数	实得分数
5	保证项目	材料堆放	建筑材料、构件、料具不按总平面布局堆放的扣4分； 料堆未挂名称、品种、规格等标牌的扣2分； 堆放不整齐、未做到工完场清的扣3分； 危险化学品和易燃易爆物品未设置专用库房分类存放的扣4分； 未经批准在工地围护设施外堆放建筑材料的扣3分	8		
6		现场办公和住宿	在建工程兼作住宿的扣10分； 施工作业区与办公、生活区不能明显划分的扣8分； 施工作业区与办公、生活区没有采取相应的隔离防护措施和保持安全距离的扣6分； 临用房所用材料和结构安全不符合要求的扣10分； 临时用房不按规定设置用电线路、设备和私设炉灶的扣8分； 临时用房防潮、防台风、通风、采光、保温、隔热等不良的扣3分； 宿舍无消暑和防蚊虫叮咬措施的扣5分； 无床铺、生活用品放置不整齐的扣2分； 宿舍周围环境不卫生、不安全的扣3分； 宿舍内设大通铺的扣10分； 一间宿舍内居住人员超过16人的扣10分	10		
7		现场防火	无消防措施、制度或无灭火器材的扣8分； 灭火器材配置不合理的扣5分； 无消防水源(高层建筑)或不能满足消防要求的扣8分； 无动火审批手续和动火监护的扣5分； 工地未设置吸烟处、随意吸烟的扣5分； 没有消防警示和紧急疏散标志、疏散通道不畅通的扣2分	8		
		小计		60		

续表

序号	检查项目	扣分标准	应得分数	扣减分数	实得分数
8	治安综合治理	生活区未给工人设置学习和娱乐场所的扣4分； 未建立治安保卫制度的、责任未分解到人的扣3分； 治安防范措施不利,常发生失盗事件的扣3分	7		
9	施工现场标牌	主要出入口处的围挡外侧未按要求张挂五牌两图的扣7分； 大门口处挂的五牌两图内容不全,缺一项扣2分； 标牌不规范、不整齐的,扣3分； 无安全标语,扣5分； 无宣传栏、读报栏、黑板报等,扣5分； 办公室内不按规定张挂有关证件、制度和图表的扣3分	7		
10	一般项目 生活设施	厕所不符合卫生要求,扣4分； 无厕所,随地大小便,扣7分； 食堂不符合卫生要求,扣6分； 无卫生责任制,扣5分； 不能保证供应卫生饮水的,扣7分； 无淋浴室或淋浴室不符合要求,扣5分； 生活垃圾未及时清理、未装容器、无专人管理的,扣4分； 食堂和厕所、垃圾站等污染源相距少于10 m的扣4分； 食堂没有卫生许可证,炊事员未持身体健康证上岗的扣5分	7		
11	保健急救	无保健医药箱的扣5分； 无急救措施和急救器材的扣7分； 无经培训的急救人员,扣4分； 未开展卫生防病宣传教育的,扣4分	7		
12	社区服务	无防粉尘、防噪声措施扣5分； 夜间未经许可施工的扣6分； 未建立施工不扰民措施的扣4分； 未经有关部门批准临时占用道路或规划批准范围以外场地的扣4分	6		
13	文明施工资料	未建立文明施工管理资料的扣6分； 管理资料无专人负责、未按要求分归档的扣3分； 管理资料没有保存完整齐全的扣2分	6		
	小计		40		
检查项目合计			100		

注:本表未详之处见《建设工程文明施工标准》(DBJ 07—2006)。

五、工程施工信息管理

1. 施工现场信息的内容和范围

工程施工现场信息是指现场施工过程中产生的信息和与施工有关的信息。内容包括：施工所依据的信息，有施工图、材料证明等；施工过程产生的信息，有预检记录、隐检记录、技术核定单、会议记录和各方来往函件等；施工状态或产品描述信息，有质量评定记录、竣工记录或竣工图等；招投标文件和合同文件等。

施工现场信息的范围包括覆盖施工过程的各个方面、各个专业和工种等。

（1）按照专业工种信息分类，有建筑工程、设备安装工程、其他各专业工程。

（2）按照目标控制的信息范围分类，有费用控制信息、进度控制信息、质量控制信息、合同控制信息。

（3）按照信息来源分类，有业主来函，包括现场移交手续、地下管线图、基地地质及市政资料等；监理来函，包括监理工程师函、质量整改通知单、监理工程师通知等；政府部门文件，包括有关政策、制度规定等文件，各种批复和指令文件；分包商的报告，包括分包商来函、工程联系单、技术核定单等；向业主或监理递交的报告，包括月报、周报或日报表，或专题报告、技术核定单和经理签证，给分包商的各种指令及其他函件等。

2. 信息分类编码

① 顺序码。顺序码是一种最简单、最常用的代码。它属于无含义码，是将顺序的自然数或字母赋予编码对象。

② 系列顺序码。这种码是将顺序码分为若干段，并与分类编码对象的分段意义对应，给每段分类编码对象赋予一定的顺序码。

③ 数值化字母顺序码。此种代码是将所有的编码对象按其名称的字母排列顺序排列，然后分别赋予不断增加的数字码。

④ 层次码。层次码常用于线分类体系，它是按分类对象的从属、层次关系为排列顺序的一种代码。

⑤ 特征组合码：将分类对象按其属性或特征分成若干个"面"，每个"面"内诸类目按其规律分别进行编码。

⑥ 复合码：由两个以上具有完整的、独立的代码组成。例如，将"分类部分"和"标志部分"组成复合码。

3. 施工现场文档的分类

一般的现场文档可有如下分类：

（1）总文档的分类：招标投标类文档；合同类文档；经济类文档；现场日常管理类文档；施工技术及管理类文档。

（2）施工技术及管理类文档专业分类方法。

（3）施工技术及管理类文档的综合分类方法。

4. 竣工档案的编制

建设工程竣工档案是指工程自立项、设计、施工、竣工到交付使用全过程中直接形成的具有保存价值的文字、图表及声像等各种载体的文件材料的总称。

建设工程竣工图基本内容大致可以分为以下几种：土建工程竣工图(建筑、结构)；市政工程竣工图(道路、地下管线、桥梁、涵洞等)；电力、照明电气和弱电工程竣工图；暖通工程竣工图；煤气工程竣工图；设备安装和工艺流程竣工图；绿化竣工图；交通竣工图。

建设工程竣工图编制要求：凡按图施工没有变更的，由施工单位在原施工图上加盖"竣工"章后作为竣工图。

在施工中，虽有一般性设计变更，但能将原施工图加以修改作为竣工图的，由施工单位在原施工图上按规范要求加以修改到位后，加盖"竣工"章后作为竣工图。

凡在建筑结构形式、工艺、平面布置以及其他方面有重大改变的；或者在一张图上改动部分超过40%；或者虽然改动不超过40%，但修改后图面混乱，分辨不清的个别图则需要重绘竣工图。

[案例] 工程变更与索赔处理案例。

某施工单位(乙方)与某建设单位(甲方)签订了建造无线电发射试验基地施工合同。合同工期为38天。由于该项目急于投入使用，在合同中规定，工期每提前(或拖后)1天奖励(或罚款)5000元(含税费)。

乙方按时提交了施工方案和施工网络进度计划(见图4.22)，并得到甲方代表的批准。

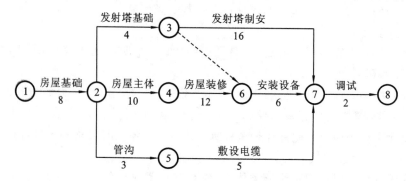

图4.22 施工网络进度计划图

实际施工中发生了以下几项事件：

事件1：在房屋基坑开挖后，发现局部有软弱下卧层，按甲方代表指示乙方配合地质复查，配合用工为10个工日。地质复查后，根据经甲方代表批准的地基处理方案，增加直接费4万元，因地基复查和处理使房屋基础作业时间延长3天，人工窝工15个工日。

事件2：在发射塔基础施工时，因发射塔原设计尺寸不当，甲方代表要求拆除已施工的基础，重新定位施工。由此造成增加用工30个工日，材料费1.2万元，机械台班费3000元，发射塔基础作业时间拖延2天。

事件3：在房屋主体施工中，因施工机械故障，造成工人窝工8个工日，该项工作作业时间延长2天。

事件4：在房屋装修施工基本结束时，甲方代表对某项电气暗管的敷设位置是否准确有疑义，要求乙方进行剥漏检查。检查结果为某部位的偏差超出了规范允许范围，乙方根据甲方代表的要求进行返工处理，合格后甲方代表予以签字验收。该项返工及覆盖用工20个工日，材料费为1000元。因该项电气暗管的重新检验和返工处理使安装设备的开始作业时间推迟了1天。

事件5：在敷设电缆时，因乙方购买的电缆线材质量差，甲方代表令乙方重新购买合格线材。由此造成该项工作多用人工8个工日，作业时间延长4天，材料损失费8000元。

事件6：鉴于该工程工期较紧，经甲方代表同意乙方在安装设备作业过程中采取了加快施工的技术组织措施，使该项工作作业时间缩短2天，该项技术组织措施费为6000元。

其余各项工作实际作业时间和费用均与原计划相符。

问题：

1. 在上述事件中，乙方可以就哪些事件向甲方提出工期补偿和费用补偿要求？为什么？

2. 该工程的实际施工天数为多少天？可得到的工期补偿为多少天？工期奖励（或罚款）金额为多少？

3. 假设工程所在地人工费标准为60元/工日，应由甲方给予补偿的窝工人工费补偿标准为35元/工日；该工程综合取费率为直接费的25%（其中规费和税金为9.8%）。在该工程结算时，乙方应该得到的索赔款为多少？

学习情境五　建筑工程施工组织实训

[案例]　某办公楼工程施工组织设计。

一、工程概况

本工程是集现代管理和先进技术装备于一体的智能型建筑,位于省府所在地。东临将军路,西遥市府大院,南对科协办公楼,北接中医院。

（一）工程设计情况

本工程由主楼和辅房两部分组成,建筑面积13779 m^2,投资约5000万元。主楼为九层、十一层、局部十二层。坐北朝南,南侧有突出的门厅;东侧辅房是三层的沿街餐厅、轿车库和门卫用房,与主楼垂直衔接;主楼地下室是人防、500 t水池和机房;广场硬地下面是地下车库;北面是消防通道;南面是7 m宽的规划道路及主要出入口。室内±0.00,相当于黄海高程4.7 m。现场地面平均高程约3.7 m。

主楼是7度抗震设防的框架剪力墙结构,柱网分7.2 m×5.4 m、7.2 m×5.7 m两种;ϕ800 mm、ϕ1100 mm、ϕ1200 mm大孔径钻孔灌注桩基础,混凝土强度等级C25;地下室底板厚600 mm,外围墙厚400 mm,层高有3.45 m和4.05 m;一层层高有2.10 m、2.60 m、3.50 m。标准层层高3.30 m,十一层层高5.00 m;外围框架墙用混凝土小型砌块填充,内框架墙用轻质泰柏板分隔;楼、屋面板除现浇混凝土外,其余均采用预应力薄板上现浇厚度不同的钢筋混凝土的叠合板。辅房采用ϕ500 mm水泥搅拌桩复合地基,与主楼衔接处,设宽150 mm沉降缝。

设备情况:给排水、消防、电气均按一类高层建筑设计,水源采用了市政和省府行政二路供水,两个消防给水系统,大楼采用顶喷、侧喷和地下室满堂喷方式的自动喷淋系统;双向电源供电,配变电所设在主楼底层;冷暖两用中央空调;接地、防雷利用基础主筋并与大楼接地系统融为一体。

室外管线:水源从东北和西南角,分别从市政给水管和省府行政供水管接入,同雨水管一样绕建筑四周埋设。污水管经化粪池沿北侧东西向敷设。雨水、污水均在东北角引入市政管道网。

（二）工程特点

（1）本工程选用了大量轻质高强、性能好的新型材料,装饰上粗犷、大方和细腻相结合,手法恰到好处,表现了不同的质感和风韵。

（2）地基处于含水量大、力学性能差的淤泥质黏土层,且下卧持力层较深;基坑的支护处于淤泥质黏土层中,这将使基坑支护的难度和费用增加,加上地下室的占地面积大、范围广,导致施工场地狭窄,难以展开施工。

(3) 主要实物量:钻孔灌注桩 521 m^3,水泥搅拌桩 192 m^3,围护设施 250 延米,防水混凝土 1928 m^3,现浇混凝土 3662 m^3,屋面 1706 m^2,叠合板 12164 m^2,门窗 1571 m^2,填充墙 10259 m^2,吊顶 3018 m^2,楼地面 16220 m^2。

(三) 施工条件分析

1. 施工工期目标

合同工期 580 天,比国家定额工期(900 天)提前 35.6% 的时间交付使用。

2. 施工质量目标

确保市级优质工程,争创省级优质工程。

3. 施工力量及施工机械配置

本工程属省重点工程,它的外形及内部结构复杂,技术要求高,工期紧。因此如何使人、材、机在时间空间上得到合理安排,以达到保质、保量、安全、如期地完成施工任务,是这个工程施工的难点,为此采取以下措施:

(1) 公司成立重点工程领导小组,由分公司经理任组长,每星期开一次生产调度会,及时解决进度、资金、质量、技术、安全等问题。

(2) 实行项目法施工,从工区抽调强有力的技术骨干组成项目管理班子和施工班组。

① 项目管理班子主要成员名单见下表。

岗 位	姓 名	职 称
项目经理	王李阳	工程师
技术负责人	吴了高	高级工程师
土建施工员	徐上林	工程师
水电施工员	姚由及	高级工程师
质安员	许容位	工程师
材料员	王其当	助理工程师
暖通施工员	储本任	工程师

② 劳动力配置详见劳动力计划表。

分公司保证基本人员 100 人,各个技术岗位关键班组均派本公司人员负责,其余劳动力缺口,从江西和四川调集,劳务合同已经签订。

③ 做好施工准备以早日开工。

二、施工方案

(一) 总体安排

本工程是一项综合性强、功能多,建筑装饰和设备安装要求较高,按一类建筑设计的项目。因此承担此项任务时,我们调配了一批年富力强、经验丰富的施工管理人员组成现场管理班子,周密计划、科学安排、严格管理、精心组织施工,安排好各专业工种的配合和交叉流水作业；同时组织一大批操作技能熟练、素质高的专业技术工人，发扬求实、创新、团结、拼搏的企业精神；公司优先调配施工机械器具，积极引进新技术、新装备和新工艺，以满足施工需要。

（二）施工顺序

本工程施工场地狭窄，地基上还残留着老基础及其他障碍物，因此应及时清除，并插入基坑支护及塔吊基础处理的加固措施，积极拓宽工作面，以减少窝工和返工损失，从而加快工程进度缩短工期。

1. 施工阶段的划分

工程分为基础、主体、装修、设备安装和调试工程四个阶段。

2. 施工段的划分

基础、主体主楼工程分两段施工，辅房单列不分段。

（三）主要项目施工顺序、方法及措施

1. 钻孔灌注桩

本工程地下水位高，在地表以下 0.15～1.19 m 之间，大都在 0.60 m 左右。地表以下除 2 m 左右的填土和 1～2 m 的粉质土外，以下均为淤泥质土壤，天然含水量大，持力层设在风化的凝灰岩上。选用 ZQ-800GC～1250 潜水电钻成孔机，泥浆护壁，其顺序从左至右进行。

（1）工艺流程：定桩位→埋设护筒→钻机就位→钻头对准桩心地面→空转→钻入土中泥浆护壁成孔→清孔→钢筋笼→下导管→二次清孔→灌注水下混凝土→水中养护成桩。

混凝土采用商品混凝土，骨料最大粒径 4 cm，强度等级 C25，掺用减水剂，坍落度控制在 18 cm 左右，钢筋笼用液压式吊机从组装台分段吊运至桩位，先将下段挂在孔内，吊高第二段进行焊接、逐段焊接逐段放下，混凝土用机动翻斗车或吊机吊运至灌注桩位，以加快施工速度。

浇筑高度控制在 −3.4 m 左右，保证凿除浮浆后，满足桩顶标高和质量要求，同时减少凿桩量和混凝土耗用。

（2）主要技术措施：

① 笼式钻头进入凝灰岩持力层深度不小于 500 mm，对于淤泥质土层最大钻进速度不超过 1 m/min。

② 严格控制桩孔、钢筋笼的垂直度和混凝土浇筑高度。

③ 混凝土连续浇灌，严禁导管底端提出混凝土面，浇筑完毕后封闭桩孔。

④ 成孔过程中勤测泥浆比重，泥浆相对密度保持在 1.15 左右。

⑤ 当发现缩颈、坍孔或钻孔倾斜时，采用相应的有效纠偏措施。

⑥ 按规定或建设、设计单位意见进行静载和动测试验。

2. 土方开挖

基坑支护采用水泥搅拌桩，深 7.5 m，两桩搭接 10 cm，沿基坑外围封闭布置。

（1）施工段划分及挖土方法。

地下室土方开挖，采用 W1-100 型反铲挖土机与人工整修相结合的方法进行。根据弃

土场的距离组织相应数量的自卸式汽车外运。

(2) 排水措施。

基底集水坑,挖至开挖标高以下 1.2 m,四周用水泥砂浆、砖砌筑,潜水泵排水,用橡胶水管引入市政雨水井内,疏通四周地面水沟,排水入雨水井内,避免地表水顺着围护流入基坑。

(3) 其他事项。

机械挖土容易损坏桩体和外露钢筋,开挖时事先做好桩位标志,采用小斗开挖,并留 40 cm 厚的土,用人工整修至开挖深度。汽车在松土上行驶时,应事先铺 30 cm 以上石碴。

3. 地下室防水混凝土

1) 地基土壤

地下室筏式板基下卧在淤泥质粘土层上,天然含水量为 29.6%,承载力 140 kPa,地下水位高。

2) 设计概况

筏式板基分为两大块,一块车库部分,面积 1115 m^2,另一块 1308 m^2,为水池、泵房、进风、排烟机房,两块之间设沉降缝彼此隔开。地下室外墙厚 350~400 mm,内墙 300~350 mm,兼有承重,围护抵御主动土压力和防渗的功能。

3) 防水混凝土的施工

(1) 施工顺序及施工缝位置的确定。

按平面布置特点分为两个施工段,每一施工段的筏式板基连续施工,不留施工缝,在板与外墙交界线以上 200 mm 高度,设置水平施工缝,采用钢板止水带,S6 抗渗混凝土并掺 UEA 浇捣。

(2) 采用商品混凝土,提高混凝土密实度。

① 增加混凝土的密实度,是提高混凝土抗渗的关键所在,除采取必需的技术措施以外,施工前还应对振捣工进行技术交底,提高质量意识。

② 保证防水混凝土组成材料的质量:使用质量稳定的生产厂商提供的水泥;采用粒径小于 40 mm、强度高且具有连续级配、含泥量少于 1% 的石子;采用中粗砂。

(3) 掺用水泥用量:5%~7% 的粉煤灰,0.15%~0.3% 的减水剂,5% 的 UEA。

(4) 根据施工需要,采用的特殊防水措施:预埋套管支撑;止水环对拉螺栓;钢板止水带;预埋件防水装置;适宜的沉降缝。

4. 结构混凝土

1) 模板

本工程主楼现浇混凝土主要有地下室、水池防水混凝土,现浇混凝土框架、电梯井剪力墙及部分楼地面。根据其工程量大、工期紧、模板周转快的特点,拟定选用早拆型钢木竹结构体系模板为主,组合钢模和木模板为辅的模板体系。

2) 细部结构模板

为了提高细部工程(梁、板之间、梁柱之间、梁墙之间)的质量,达到顺直、方正、平滑连接的要求。在以上部位,采用附加特殊加工的铁皮,同时改进预埋件的预埋工艺。

3) 抗震拉筋

本工程为7度一级抗震设防,根据抗震设计规范,选用拉筋预埋件专用模板。

4) 垂直运输

垂直运输选用QTZ40C自升式塔吊,塔身截面1.4 m×1.4 m,底座3.8 m×3.8 m,节距2.5 m,附着式架设于电梯井北侧,最大起升高度120 m,最大起重量4t,最大幅度42 m,最大幅度时起重量0.965 t,本工程在8 m、17 m、24 m、31 m标高处附着在主楼结构部位。

同时搭设SCD120施工升降机一台,八立柱扣件式钢管井架两台于主楼南侧,作小型工具、材料的垂直运输,其位置见施工现场布置平面图。

5) 钢筋

① 材料选用正规厂家生产的钢材。钢材进场时有出厂合格证或试验报告单,检验其外观质量和标牌,进场后根据检验标准进行复试,合格后加工成型。

② 加工方法采用机械调直切断,机械和人工弯曲成型相结合。

③ 钢筋接头采用UN100、100 kV·A对焊机、电渣压力焊,局部采用交流电弧焊。

6) 施工缝及沉降缝

(1) 地下室筏式底板:施工缝设在距底板上表面200 mm高度处。每个施工段内的底板及板上200 mm高度以内的围护墙和内隔墙(约700 m^3),均一次性纵向推进,连续分层浇筑。

(2) 地下围护墙:一次浇筑高度为3.00~3.30 m,外墙实物量约1321 m^3,内墙实物量24~30 m^3,分四个作业面分层连续浇筑。水池壁一次成型。

(3) 框架柱:在楼面和梁底设水平施工缝。为保证柱的正确位置,减少偏移,在各柱的楼板面标高处,用预埋钢筋方法,固定柱子模板。

(4) 现浇楼板:叠合板的现浇部分混凝土,单向平行推进。

(5) 剪力墙:水平施工缝按结构层留置,一般不设垂直施工缝,遇特殊情况,在门窗洞口的1/3处,或纵横墙交接处设垂直施工缝。

(6) 施工缝的处理:在施工缝处继续浇筑混凝土时,已浇筑的混凝土抗压强度不应小于1.2 N/mm^2,同时需经以下方法处理:

① 清除垃圾、表面松动砂石和软弱混凝土,并加以凿毛,用压力水冲洗干净并充分湿润,清除表面积水。

② 在浇筑前,水平施工缝先铺上15~20 mm厚的水泥砂浆,其配合比与混凝土内的砂浆成分相同。

③ 受动力作用的设备基础和防水混凝土结构的施工缝应采取相适应的附加措施。

7) 混凝土浇筑、拆模、养护

① 浇筑——浇筑前应清除杂物,游离水。防水混凝土倾落高度不超过1.5 m,普通混凝土倾落高度不超过2 m。分层浇筑厚度控制在300~400 mm之间,后层混凝土应在前层混凝土浇筑后2 h以内进行。根据结构截面尺寸、钢筋密集程度分别采用不同直径的插入式震动棒、平板式、附着式震动机械,地下室、楼面混凝土采用混凝土抹光机(HM—69)HZJ—40真空吸水技术,降低水灰比,增加密实度,提高早期强度。

② 拆模——防水混凝土模板的拆除应在防水混凝土强度超过设计强度等级的70%以

后进行。混凝土表面与环境温差不超过 15 ℃,以防止混凝土表面产生裂缝。

③ 养护——根据季节环境,混凝土特性,采用薄膜覆盖、草包覆盖、浇水养护等多种方法。养护时间:防水混凝土在混凝土浇筑后 4~6 h 进行正常养护,持续时间不小于 14 天,普通混凝土养护时间不小于 7 天。

5. 小型砌块填充墙

本工程砌体分为细石混凝土小型砌块外墙与泰柏板内墙(由厂家安装)两种。细石混凝土小型砌块,砌体施工按规范进行,其工艺流程如图 5.1 所示。

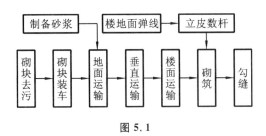

图 5.1

施工要点:

① 砌块排列必须根据砌块尺寸和垂直灰缝宽度、水平灰缝厚度计算砌块砌筑皮数和排数,框架梁下和错缝不足一个砌块时,应用砖块或实心辅助砌块楔紧。

② 上下皮砌块应孔对孔、肋对肋错缝搭砌。

③ 对设计规定或施工所需要的孔洞口、管道、沟槽和预埋件或脚手眼等应在砌筑时预留、预埋或将砌块孔洞朝内侧砌。不得在砌筑好后的砌体上打洞、凿槽。

6. 主体施工阶段施工测量

使用 S3 水准仪进行高程传递,实行闭合测设路线进行水准测量,埋设施工用水准基点,供工程沉降观测,楼房高程传递,使用进口的 GTS301 全站电子速测仪进行主轴线检测。

(1)水准基点,主轴线控制的埋设。水准基点,在建筑物的四角埋设四点;沉降观测点埋设于有特性意义的框架柱±(0.00~0.200)处;平面控制点拟定在 1、15 轴和 A、J 轴的南侧、西侧延长线上布设,形成测量控制网。沉降点构造按规范设置。

(2)楼层高程传递,楼层施工用高程控制点分别设于三道楼梯平台上,上下楼层的六个水准控制点,测设时采用闭合双路线。

7. 珍珠岩隔热保温层、SBS 屋面

珍珠岩保温层,待屋面承重层具备施工强度后,按水泥和膨胀珍珠岩 1∶2 左右的比例加适当的水配制而成,稠度以外观松散,手捏成团不散,只能挤出少量水泥浆为宜,本工程以人工抹灰法进行。

施工要点:

① 基层表面事先应洒水湿润。

② 保温层平面敷设,分仓进行,敷设厚度为设计厚度的 1.3 倍,刮平轻度拍实、抹平,其平整度用 2 m 直尺检查,预埋通气孔。

③ 在保温层上先抹一层 7~10 mm 厚的 1∶2.5 水泥砂浆,养护一周后敷设 SBS 卷材。

④ SBS卷材施工选用FL-5型黏结剂,再用明火烘烤铺贴。

⑤ 开卷清除卷材表面隔离物后,先在天沟、烟道口、水落口等薄弱环节处涂刷黏结剂,铺贴一层附加层。再按卷材尺寸从底处向顶处分块弹线,弹线时应保证有10 cm的重叠尺寸。

⑥ 涂刷黏结剂厚薄要一致,待内含溶剂挥发后开始铺贴SBS卷材,附有28 d强度试验报告,并按规定抽样。

⑦ 铺贴采用明火烘烤推滚法,用圆辊筒滚平压紧,排除其间空气,消除皱褶。

8. 装修

当楼面采用叠合式现浇板时,内装修可视天气情况与主体结构交替插入,以促进提前竣工,当提前插入装修时,施工层以上必须达到防水要求和足够的强度。

(1) 施工顺序,总体上应遵循先屋面,后楼层,自上而下的原则。

① 按使用功能——自然间→走道→楼梯间。

② 按自然间——顶棚→墙面→楼地面。

③ 按装修分类——一级抹灰→装饰抹灰→油漆、涂料、裱糊、玻璃→专业装修。

④ 按操作工艺——在基层符合要求后,阴阳找方→设置标筋→分层赶平→面层→修整→表面压光。要求表面光滑、洁净、色泽均匀,线角平直、清晰,美观无抹纹。

(2) 施工准备及基层处理要求:

① 除了对机具、材料作出进出场计划外,还要根据设计和现场特点,编制具体的分项工程施工方案,制定具体的操作工艺和施工方法,进行技术交底,做好样板房。

② 对结构工程以及配合工种进行检查,对门窗洞口尺寸、标高、位置,顶棚、墙面、预埋件、现浇构件的平整度着重检查核对,及时做好相应的弥补或整修。

③ 检查水管、电线、配电设施是否安装齐全,对水暖管道做好压力试验。

④ 对已安装的门窗框,采取成品保护措施。

⑤ 砌体和混凝土表面凹凸大的部位应凿平或用1:3水泥砂浆补齐;太光的要凿毛或用界面剂涂刷;表面有砂浆、油渍污垢等应清除干净(油、污严重时,用10%碱水洗刷),并浇水湿润。

⑥ 门窗框与立墙接触处用水泥砂浆或混合砂浆(加少量麻刀)嵌填密实,外墙部位打发泡剂。

⑦ 水、暖、通风管道口通过的墙孔和楼板洞,必须用混凝土或1:3水泥砂浆堵严。

⑧ 不同基层材料(如砌块与混凝土)交接处应铺金属网,搭接宽度不得小于10 cm。

⑨ 预制板顶棚抹灰前用1:0.3:3水泥石灰砂浆将板缝勾实。

三、施工进度

(一) 施工进度计划

根据各阶段进度绘制施工进度控制网络,如表5.1所示。

学习情境五 建筑工程施工组织实训

表 5.1 施工进度计划表

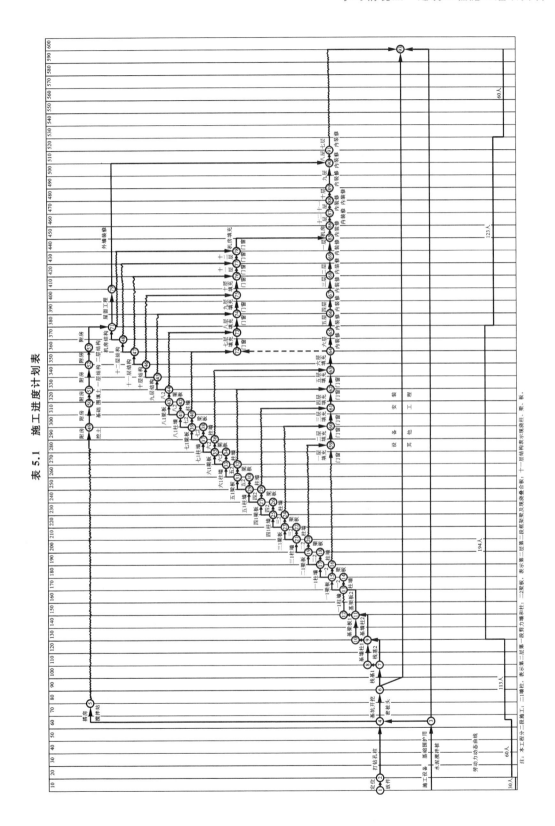

(二)施工准备

(1)调查研究有关的工程、水文地质资料和地下障碍物,清除地下障碍物。

(2)定位放样,设置必要的测量标志,建立测量控制网。

(3)钻孔灌注桩施工的同时,插入基坑支护、塔吊基础加固,做好施工现场道路及明沟排水工作。

(4)根据建设单位已经接通的水源、电源,按桩基、地下室和主体结构阶段的施工要求延伸水、电管线。

(5)临时设施(见表5.2)。主体施工阶段,即施工高峰期,除了利用部分应予拆除,可暂缓拆除的旧房作临设外,还可利用建好的地下室作职工临时宿舍。

(6)按地质资料、施工图,做好施工准备;根据施工进程及时调整相应的施工方案。

(7)劳动力调度,各主要阶段的劳动力计划用量如表5.3所示。

表5.2 临时设施一览表

名 称	计算量	结构形式	建筑面积/m²	备 注
钢筋加工棚	40人	敞开式竹(钢)结构	24×5=120	3 m²/人旧房加宽
木工加工棚	60人	敞开式竹(钢)结构	24×5=120	2 m²/人
职工宿舍	200人	二层装配式活动房	6×3×10×2=360	双层床通铺
职工食堂	200人	利用旧房屋加设砌体结构工棚	12×5=60	
办公室	23人	二层装配式活动房	6×3×6×2=216	
拌合机棚	2台	敞开钢棚	12×7=84	

表5.3 劳动力计划表

专业工种		基 础		主 体		装 修	
		人数	班组	人数	班组	人数	班组
木工		43	2	77	4	20	1
钢筋工		24	1	40	2		
泥工	混凝土工	37	2	55	2		
	瓦工					24	1
	抹灰工					56	3
架子工		4	1	12	1		
土建电工		2	1	4	1	2	
油漆工						18	1
其他		3	1	6		3	
小计		113		194		123	

注:表中砌体工程列入装修。

四、施工平面布置图

1. 施工用电

施工机械及照明用电的测算,建设单位应向施工单位提供 315 kV·A 的配电变压器,用电量规格为 380/220 V(导线布置详见施工平面布置图)。

2. 施工用水

根据用水量的计算,施工用水和生活用水之和小于消防用水(10 L/s),由于占地面积小于 50000 m²,供水管流速为 1.5 m/s。

故总管管径:选取 100 的铸铁管,分管采用 DN25 mm 管,布置详见施工布置图(图 5.2)。

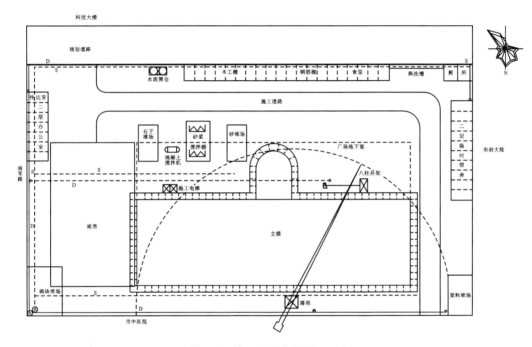

图 5.2 施工平面布置图 1∶400

3. 临时设施

有关班组提前进入现场严格按平面布置要求搭设临时设施。

4. 施工平面布置

因所需材料量大、品种多,所需劳动力数量大、技术力量要求高,为此需有相应的临时堆场及临时设施,由于施工场地比较小,这就要求整个施工平面布置紧凑、合理,做到互不干扰,力求节约用地、方便施工,且分施工阶段布置平面。办公室、工人临时生活用房采用双层活动房,待地下室及一层建好后逐步移入室内(改变平面布置以腾出裙房施工用地),从而也增加回转场地。(临时设施详见临设一览表及施工平面布置图)

5. 交通运输情况

本工程位于将军路,属市内主要交通要道,经常发生交通堵塞,故白天尽可能运输一些小型构件,一些长、大、重的构件宜放在晚上运输,并与交警联系派一警员维持进场入口处的交通秩序。特别是在打桩阶段,废泥浆的外运必须在晚上进行,泥浆车密封性一定要好,以防止泥浆外漏污染路面,如有污染应做好道路的冲洗工作,确保全国卫生城市和环保模范城市的形象。场内运输采用永久性道路。

五、施工组织措施

(一)雨季冬季施工措施

工程所在地年降水总量达 1223.9 mm,日最大暴雨量达 189.3 mm,时最大暴雨量达 59.2 mm,冬季平均温度不高于 5 ℃,延续时间达 55 天。为此设气象预报情报人员一名,与气象台站建立正常联系,做好季节性施工的参谋。雨季施工措施如下:

(1) 施工现场按规划作好排水管沟工程,及时排除地面雨水。

(2) 地下室土方开挖时按规划做好地下集水设施,配备排水机械和管道,引水入市政排水井,保证地下室土方开挖和地下室防水混凝土正常施工。

(3) 备置一定数量的覆盖物品,保证尚未终凝的混凝土被雨水冲淋。

(4) 做好塔吊、井架、电机等的接地接零及防雷装置。

(5) 做好脚手架、通道的防滑工作。

(二)工程质量保证措施

(1) 加强技术管理,认真贯彻各项技术管理制度;落实好各级人员岗位责任制,做好技术交底,认真检查执行情况;积极开展全面质量管理活动,认真进行工程质量检验和评定,做好技术档案管理工作。

(2) 认真进行原材料检验。进场钢材、水泥、砌块、混凝土、预制板、焊条等建筑材料,必须提供质量保证书或出厂合格证,并按规定做好抽样检验;各种强度等级的混凝土,要认真做好配合比试验;施工中按规定制作混凝土试块。

(3) 加强材料管理。建立工、料消耗台账,实行"当日领料、当日记载、月底结账"制度;对高级装饰材料,实行"专人检验、专人保管、限额领料、按时结算"制度;未经检验,不得用于工程。

(4) 对外加工材料、外分包工程,认真贯彻质量检验制度,进行质量监督,发现问题及时整改,实行质量奖罚措施。

(5) 严格控制主楼的标高和垂直度,控制各分部分项工程的操作工艺,结束后必须经班组长和质量检验人员验收达到预定质量目标签字后,方准进行下道工序施工,并计算工作量,实行分部分项工程质量等级与经济分配挂钩制度。

(6) 加强工种间配合与衔接。在土建工程施工时,水、卫、电、暖等工程应与其密切配合,设专人检查预留孔、预埋件等位置尺寸,逐层跟上,不得遗漏。

(7) 装饰:高级装修面料或进口材料应按施工进度提前两个月进场,以便分类挑选和材质检验。

(8) 采用混凝土真空吸水设备,混凝土楼面抹光机,新型模板支撑体系及预埋管道预留孔堵灌新技术、新工艺。

（三）保证安全施工措施

严格执行各项安全管理制度和安全操作规程，并采取以下措施。

（1）沿将军路的附房，距规划红线外 7 m 处（不占人行道）设置 2.5 m 高的通长封闭式围护隔离带，通道口设置红色信号灯、警告电铃及专人看守。

（2）在三层悬挑脚手架上，满铺脚手片，用铅丝与小横杆扎牢，外扎 80 cm×100 cm 竹脚手片，设钢管扶手，钢管踢脚杆，并用塑料编织布封闭。附房部分，设双排钢管脚手架，与主楼悬挑架同样围护，主楼在三层楼面标高处，支撑挑出 3 m 的安全网。井字架四周用安全网全封闭围护。

（3）固定的塔吊、金属井字架等设置避雷装置，其接地电阻不大于 4 Ω，所有机电设备，均应实行专人专机负责。

（4）严禁由高处向下抛扔垃圾、料具物品；各层电梯口、楼梯口、通道口、预留洞口设置安全护栏。

（5）加强防火、防盗工作，指定专人巡监。每层要设防火装置，每逢三、六、九层设一临时消防栓。在施工期间严禁非施工人员进入工地，外单位来人要专人陪同。

（6）外装饰用的施工吊篮，每次使用前检查安全装置的可靠性。

（7）塔式起重机基座，升降机基础井字架地基必须坚实，雨季要做好排水导流工作，防止塔、架倾斜事故，悬挑的脚手架作业前必须仔细检查其牢固程度，限制施工荷载。

（8）由专人负责与气象台站联系，及时了解天气变化情况，以便采取相应技术措施，防止发生事故。

（9）以班组为单位，作业前举行安全例会，工地逢十召开由班组长参加的安全例会，分项工程施工时由安全员向班组长进行安全技术书面交底，提高职工的安全意识和自我防护能力。

（四）现场文明施工措施

（1）以后勤组为主，组成施工现场平面布置管理小组。加强材料、半成品、机械堆放、管线布置、排水沟、场内运输通道和环境卫生等工作的协调与控制，发现问题及时处理。

（2）以政工组为主，制定切实可行、行之有效的门卫制度和职工道德准则，对违纪违法和败坏企业形象的行为进行教育，并作出相应的处罚。

（3）在基础工程施工时，结合工程排污设施，插入地面化粪池工程，主楼进入三层时，隔二层设置临时厕所，用 φ150 mm 铸铁管引入地面化粪池，接市政排污井。

（4）合理安排作业时间，限制晚间施工时间，避免因施工机械产生的噪声影响四周市民的休息，必要时采取一定的消声措施。白天工作时环境噪音控制在 55 dB 以下。

（5）沿街围护隔离带（砖墙）用白灰粉刷，改变建筑工地外表面貌。

（五）降低工程成本措施

（1）对分部分项工程进行技术交底，规定操作工序，执行质量管理制度，减少返工以降低工程成本。

(2) 加强施工期间定额管理,实行限额领料制度,减少材料损耗。在定额损耗限额内,实行少耗有奖、多耗要罚的措施。

(3) 采用框架柱预埋拉筋、预留管道堵孔新技术,采用早拆型钢木竹结构模板体系,采用悬挑钢管扣件脚手技术,提高周转材料的周转次数,节约施工投入。

(4) 在混凝土中应加入外加剂,以节约水泥,降低成本。

(5) 钢筋水平接头采用对焊,竖向接头采用电渣压力焊。

(6) 利用原有旧房作部分临时设施,采用双层床架以减少临设费用,施工高峰期临设利用新建楼层统一安排施工用房。

六、工作任务

1. 设计目的

施工组织设计是施工单位规划和落实施工生产的纲领性文件,涉及工程的施工条件和技术经济、可行性和合理性。

通过编制工程施工组织设计,综合运用所学的各类专业知识,解决工程施工中的建设方案、进度计划、经济核算、现场布置、技术措施等问题,培养学生具备工程师的基本技能。

2. 设计资料及施工条件

1) 设计资料

(1) 设计图。

单位工程建筑、结构施工图一套。

(2) 地质资料。

该地块是长江三角洲前沿冲积平原,为河流冲积层工程地质区。长年累月,长江挟带大量泥沙,经波、潮、流的作用,沉积成陆。

① 工程地质。表层为黄褐色粉土质亚砂土,下层为青灰色细砂层。地基承载力 $10\sim14\ t/m^2$。硬土层埋深大于 30 m。

② 水文地质。地块潜水位埋深 0.5 m 左右,水化学类型为重碳酸—钙—镁及重碳酸—氯—钙—钠型水。矿化度小于 1.0 g/L。单位涌水量 0.02 L/s,渗透系数 $0.06\sim0.08\ m/$昼夜。

③ 地震。该地块位于华北地震区东南边缘,地震强度中等,频度较低。地震活动伴随大区地震而起伏,曾有影响,但未直接发生过地震。

(3) 主要分部分项工程量清单(见表5.4)。

表 5.4

序号	定额编号	项目名称	单位	工程量
		基础打桩工程		
1	1506	工厂预制钢筋混凝土方桩♯300 电焊 12～25 m内	m³	308.750
2	1542	钢筋混凝土桩接头工厂桩焊接	个	247.00
3	1557	打桩场地工厂桩焊接	m²	875.410
4	0083	打预制混凝土方桩板桩管桩机械场外运输费	次	1.000

续表

序号	定额编号	项目名称	单位	工程量
5	1108	钢筋混凝土带型桩承台基础埋深 2.5 m 以内 C30	m³	127.330
6	1003	标准砖砖基础无钢筋混凝土防水带	m³	95.870
7	1165 换	现浇钢筋混凝土防水地圈梁 C25 商混凝土	m³	18.020
8	0079	电动挖土机场外运输费	次	1.00
9	0075	土方外运费浦东新区及浦西内环线外	m³	170.630
		小计	元	
		柱梁工程		
10	2019 换	现浇钢筋混凝土梁(矩形)C25 商混凝土	m³	26.900
11	2111 换	构造柱(抗震)差价 C25 商混凝土	m³	98.030
		小计	元	
		墙身工程		
12	3004	多孔砖一砖外墙	m²	2291.250
13	3029	多孔砖一砖内墙	m²	2472.730
14	3028	多孔砖半砖内墙	m²	738.880
15	3135	钢管双排外脚手架高 20 m 内	m²	3029.570
16	3126	女儿墙铸造铁出水弯道 100	个	18.00
17	3129	硬质聚氯乙烯(PVC)矩形水斗 4	个	18.00
18	3127	硬质聚氯乙烯(PVC)矩形水管 100×75	m	343.100
19	3075 换	多孔砖墙体内圈过梁超量补差 C25 商混凝土	m³	25.180
		小计	元	
		楼地层面工程		
20	4001	平整场地	m²	524.200
21	4164	定型预应力多孔板♯300YKB(2—3)12 cm 塔	m²	333.140
22	4235	预制多孔板平板扣除板底粉刷	m²	333.140
23	4002	室内回填土室内外高差 45 cm 内	m²	524.200
24	4008 换	道渣无砂垫层 7 cm	m²	191.060
25	4010 换	混凝土垫层 8 cm 厚 C10	m²	191.060
26	4081	整体面层无筋细石混凝土 4 cm 厚	m²	3033.600
27	4285	地面混凝土台阶 C20 水泥面	m²	14.800
28	7144	50 厚挤塑保温板	m²	631.370
29	4040	屋面细石混凝土有筋 4 cm 厚	m²	625.840
30	4029	屋面防水砂浆 2 cm 厚	m²	1265.710

续表

序号	定额编号	项目名称	单位	工 程 量
31	4042	屋面防水卷材	m²	632.860
32	饰2—46	屋面波形瓦砖150×150	m²	625.840
33	4119换	现浇钢筋混凝土平板板厚14 cm C25商混凝土	m²	48.120
34	4119换	现浇钢筋混凝土平板板厚11 cm C25商混凝土	m²	1622.260
35	4119换	现浇钢筋混凝土平板板厚12 cm C25商混凝土	m²	530.950
36	4119换	现浇钢筋混凝土平板板厚13 cm C25商混凝土	m²	632.860
37	4249换	现浇阳台商混凝土	m²	283.390
38	4236换	现浇整体式楼梯C25商混凝土	m²	102.710
39	4271	铁栏杆带木扶手	m	81.390
40	4249换	空调板商混凝土	m²	48.980
41	4242换	现浇钢筋混凝土雨篷C25水泥面商混凝土	m²	26.230
		小计	m²	
		门窗工程		
42	补	电子防盗门	樘	3.000
43	5026	钢板分户门	m²	75.600
44	饰4—77	塑料门安装带亮	m²	256.650
45	饰4—79	塑料窗安装单层	m²	395.510
		小计	元	
		装饰工程		

(4) 主要工程机具设备清单(见表5.5)。

表5.5

序 号	机械名称	单 位	数 量
1	泵车	m³	0.0030
2	内燃光轮压路机	台班	0.2626
3	内燃夯实机	台班	10.3494
4	轮胎式起重机	台班	6.8035
5	汽车式起重机	台班	19.2630
6	4 t载重汽车	台班	35.3484
7	8 t载重汽车	台班	1.9823
8	机动翻斗车	台班	36.3600
9	带式运输机	台班	33.9397
10	混凝土搅拌机	台班	33.6809

续表

序　号	机械名称	单位	数量
11	灰浆搅拌机	台班	86.8932
12	木工圆锯机	台班	36.3228
13	交流电焊机	台班	16.3492
14	直流电焊机	台班	74.1000
15	电动履带式挖土机	台班	23.6452
16	混凝土振捣机（平板式）	台班	44.1926
17	混凝土振捣机（插入式）	台班	89.9132
18	卷扬机	台班	81.0794
19	塔式起重机	台班	126.7517
20	混凝土输送泵 30 m 内	m^3	558.3200

(5)主要材料清单(见表 5.6)。

表 5.6

序　号	主材料名称	单位	数量
1	水泥	kg	365068.86
2	钢材	kg	12598.23
3	木材	kg	25.46
4	黄砂	kg	1312600.26
5	石子	kg	897332.32
6	统一砖	kg	33221.39
7	多孔砖	kg	329559.37
8	石灰	kg	81649.88
9	沥青	kg	51.35
10	3 mm 厚玻璃	kg	315.56
11	5 mm 厚玻璃	kg	43.81
12	商品混凝土水泥	kg	164354.34
13	商品混凝土黄砂	kg	494345.11
14	商品混凝土石子	kg	549161.93
15	工厂水泥	kg	15911.37
16	工厂黄砂	kg	180996.05
17	工厂石子	kg	452913.39
18	工厂木模	m^3	2.55
19	工厂木材	m^3	0.62

续表

序 号	主材料名称	单 位	数 量
20	工厂钢筋	kg	38031.29
21	工厂钢材	kg	18684.40
22	成型钢筋	kg	87179.42

(6) 建筑安装工程施工及验收规范内容包括以下规范:《建筑给排水及采暖工程施工质量验收规范》《通风与空调工程施工质量验收规范》《建筑电气工程施工质量验收规范》《电梯工程施工质量验收规范》《智能建筑工程质量验收规范》。

(7) 业主招标文件及合同条件等。

2) 施工条件

本工程为一幢砖混结构住宅楼,占地面积 501.5 m², 建筑面积 3008.20 m², 建筑高度为 18.30 m, 层高 2.80 m, 外墙涂料、同墙毛坯, 公用部位内墙涂料, 采用塑料窗、钢板分户门。

(1) 自然条件。

本工程施工要经过冬季、雨季、台风季节, 该地属于亚热带气候, 夏季较长, 雨期多为 4～11月, 雨季较长会对施工生产带来不利的影响。

(2) 交通运输条件。

本地块临近内环线, 物资运至现场的交通条件较好, 能够满足要求。

(3) 场地条件。

场地已平整, 场地宽敞。

(4) 资源条件。

业主提供施工用电、用水, 施工用电由场区外引入容量 1500 kV·A, 供水能力为 DN300。

3) 控制性工期及工程施工质量、成本目标

(1) 工期 205 天。建议施工进度计划的时间分配:基础工程 30 天, 主体工程 70 天, 屋面工程 20 天, 装饰工程 50 天, 水、电、煤安装 20 天, 外墙总体(主体管线、道路、绿化)30 天, 施工验收 10 天。

(2) 质量:优良工程。

(3) 造价:约 279 万元。

3. 设计内容

1) 编制说明

(1) 工程概况:建设地点、建筑面积、结构类型、周围环境、建筑、结构、装修、设备要求。

(2) 施工目标(工期、质量、安全)。

(3) 施工条件。

(4) 主要技术经济指标。

(5) 编制依据。

2) 施工方案

主要单位工程施工方案,包括确定施工项目名称、计算工程量、选择施工方法和机械,安

排施工工艺流程及程序。

(1) 桩基础施工方案。

(2) 基础部分施工方案。

(3) 主体结构施工方案。

(4) 层面保温及防水施工方案。

(5) 内外装修施工方案。

(6) 脚手架施工方案。

(7) 设备安装施工方案。

设备安装施工方案主要包括:施工流程、主要方法、选用设备、技术措施。

3) 施工进度计划及资源计划

(1) 编制说明。

(2) 单位工程施工进度计划,包括:基础、结构(标准层)、设备、装修等分部工程。

(3) 主要材料、设备、工器具、劳动力需要量计划。

(4) 资金需要量计划。

4) 施工平面图

(1) 施工平面图设计说明。

(2) 施工平面图(主要机械设备布置;材料堆场及仓库;加工生产设施;施工道路及水电管网;临时办公及生活建筑;安全保卫消防设施等。分基础、结构、设备、装修等阶段)。

(3) 建筑工地业务组织计算道路、大型机械、临时设施、用电、用水、排水、消防、卫生设施等。

5) 质量、安全文明施工措施

6) 施工措施

施工措施包括施工技术、组织、质量、安全措施。

7) 现场管理体系及组织协调

(1) 现场组织结构。

(2) 岗位职责及分工。

(3) 总包及分包组织协调管理(合同结构、管理制度等)。

4. 成果要求

(1) 施工进度计划及资源计划部分。

(2) 施工平面图部分:采用标准规格图号,用手绘。

(3) 其余部分:均采用 A4 纸。

(4) 最终成果不少于 40 页(A4 纸)。

5. 参考资料

(1) 校本教材。

(2) 中国建筑工业出版社出版的《建筑工程施工质量验收规范》。

(3) 高等教育出版社出版的《建筑工程施工组织与管理》。

附录　工作任务

工作任务一

根据某新校区的建设,绘制单项、单位、分部、分项工程图表。

1. 任务

根据以上材料,绘制单项、单位、分部、分项工程图表。

2. 要求

每 5~6 人为一组,时间为 2 课时,用 A4 纸画。

反思题:如果只针对一个教学楼呢?(列举说明)

工作任务二

某国际机场的管理采用施工总包管理模式,建工(集团)总公司与机场建设指挥部签订施工管理总承包合同,对航站区项目的质量、进度、合同造价、安全以及文明施工等进行全面的管理,时间期限直到工程竣工验收。同时,航站区工程的专业分包单位一般由机场建设指挥部指定,指定分包单位与建工(集团)总公司签订分包合同,机场建设指挥部予以签证。建工(集团)总公司参与并将各指定分包单位纳入统一管理、协调和控制。试画出该工程的管理模式图。

1. 任务

根据以上材料,画出该工程的管理模式图。

2. 要求

每 5~6 人为一组,时间为 2 课时,用 A4 纸画。

反思题:还有其他的施工模式吗?(列举说明)

工作任务三

某三幢房屋基础工程有五个施工过程:基槽挖土 2 天,混凝土垫层 1 天,钢筋混凝土基础 2 天,墙基础 1 天,回填土 1 天,一幢房屋作为一个施工段。

1. 任务

根据以上材料,分别采用依次、平行、搭接、流水施工方式组织施工,并画出横道图。

2. 要求

每 5~6 人为一组,时间为 2 课时,横道图用 A4 纸画。

反思题:四种施工组织方式的优缺点。

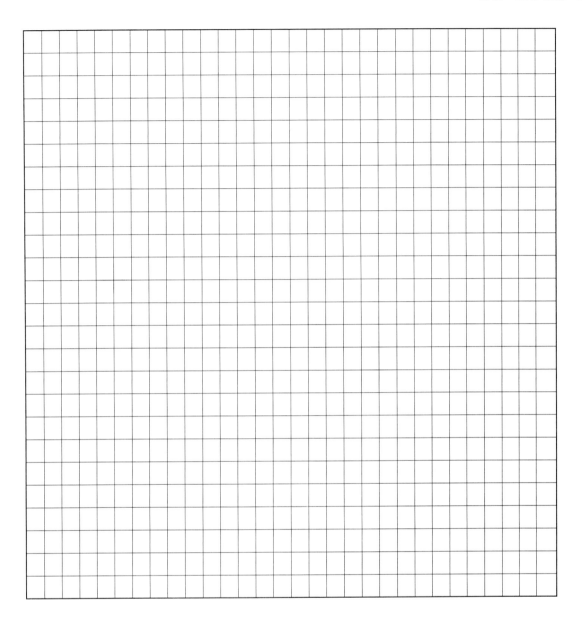

工作任务四

某基础工程分为甲、乙、丙、丁四个施工过程,每个过程又分两个施工段,流水节拍为3天,乙过程完成停2天才能进行丙工程,求工期并画出横道图。

1. 任务

根据以上材料,采用合理的流水施工方式组织施工,并画出横道图,求出工期。

2. 要求

每5~6人为一组,时间为1课时,横道图用A4纸画。

3. 参考资料

(1) 校本教材。

(2) 中国建筑工业出版社出版的《建筑工程施工质量验收规范》。

(3) 高等教育出版社出版的《建筑工程施工组织与管理》。

工作任务五

某住宅的基础工程,施工过程分为:土方开挖、垫层、绑扎钢筋、浇捣混凝土、砌筑砖基础、回填土。工程量如下表所示。

施工过程	工程量	单位	产量定额	每段劳动量	人数(台数)	流水节拍 K
挖土	560	m³	65	—	1	?
垫层	32	m³	—	—		
绑扎钢筋	7600	kg	450	—	?	?

续表

施工过程	工程量	单位	产量定额	每段劳动量	人数（台数）	流水节拍K
浇混凝土	150	m³	1.5	—	?	?
砌墙基	220	m³	1.25	—	?	?
回填土	300	m³	65	—	1	

组织间歇（垫层与回填土，各一天）$Z=2$（天）；工艺间歇（浇混凝土和砌基础墙之间）$G=2$ 天。$n=4$，$m=4$（四个施工段）。试组织等节拍的流水施工，并求工期和各施工过程的人数和节拍，画出横道图。

1. 任务

根据以上材料，采用合理的流水施工方式组织施工，并画出横道图，求出工期。

2. 要求

每 5~6 人为一组，时间为 1 课时，横道图用 A4 纸画。

3. 参考资料

（1）校本教材。

（2）中国建筑工业出版社出版的《建筑工程施工质量验收规范》。

（3）高等教育出版社出版的《建筑工程施工组织与管理》。

工作任务六

某工程有关参数如下表所示，组织无窝工现象的无节奏流水，请计算步距、工期并绘制横道图。

任务＼工期	一	二	三	四
A	3	4	3	4
B	2	2	2	2
C	4	3	2	3
D	5	2	2	5

1. 任务

根据以上数据，采用合理的流水施工方式组织施工，并画出横道图，求出工期。

2. 要求

每 5~6 人为一组，时间为 2 课时，横道图用 A4 纸画。

3. 参考资料

（1）校本教材。

（2）中国建筑工业出版社出版的《建筑工程施工质量验收规范》。

（3）高等教育出版社出版的《建筑工程施工组织与管理》。

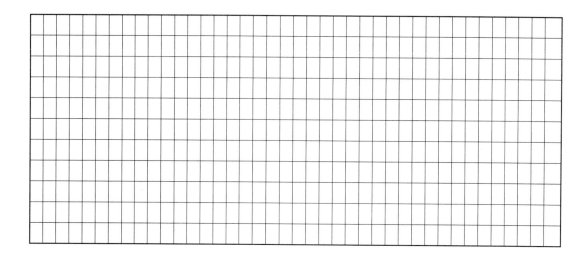

工作任务七

工作的逻辑关系如下表所示。

工作	A	B	C	D	E	G	H
紧前工作	DC	EH	—	—	—	HD	—

1. 任务

根据以上数据,绘制双代号网络图。

2. 要求

每5~6人为一组,时间为3课时,网络图用A4纸画。

3. 参考资料

(1) 校本教材。

(2) 中国建筑工业出版社出版的《建筑工程施工质量验收规范》。

(3) 高等教育出版社出版的《建筑工程施工组织与管理》。

工作任务八

工作的逻辑关系如下表所示。

工作	A	B	C	D	E	G
紧前工作	—	—	—	—	BCD	ABC
持续时间	3	5	1	6	4	2

1. 任务

根据以上数据,绘制双代号网络图,在图上计算时间参数,找出关键线路。

2. 要求

每5~6人为一组,时间为1.5课时,网络图用A4纸画。

3. 参考资料

(1) 校本教材。

(2) 中国建筑工业出版社出版的《建筑工程施工质量验收规范》。

(3) 高等教育出版社出版的《建筑工程施工组织与管理》。

工作任务九

工作逻辑关系如下表所示。

工作	A	B	C	D	E	H	G	I	J
紧前工作	E	HA	JG	HIA	—	—	HA	—	E
持续时间	2	4	3	6	2	6	1	3	5

1. 任务

根据以上数据，绘制双代号网络图，在图上计算时间参数，找出关键线路。

2. 要求

每5～6人为一组，时间为1.5课时，网络图用A4纸画。

3. 参考资料

(1) 校本教材。

(2) 中国建筑工业出版社出版的《建筑工程施工质量验收规范》。

(3) 高等教育出版社出版的《建筑工程施工组织与管理》。

工作任务十

工程背景：

某高架输水管道建设工程有20组钢筋混凝土支架，每组支架的结构形式及工程量相同，均由基础（每段4天）、柱（每段3天）和托梁（每段5天）三部分组成，如图A.1所示。业主通过招标将20组钢筋混凝土支架的施工任务发包给某施工单位，并与其签订了施工合同，合同工期为190天。

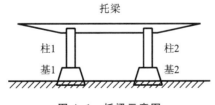

图 A.1 托梁示意图

双代号网络计划的编制要求：施工流向：从第1组支架依次流向第20组支架；劳动组织：基础、柱和托梁分别组织混合工种专业队伍；技术间歇：柱混凝土浇筑后需养护20天方能进行托梁施工；物资供应：脚手架、模板、机具和商品混凝土等均按施工进度要求调度配合。

1. 任务

根据以上材料,绘制双代号网络图,在图上计算时间参数,找出关键线路。工期是否满足要求?

2. 要求

每 5~6 人为一组,时间为 3 课时,网络图用 A4 纸画。

3. 参考资料

(1) 校本教材。

(2) 中国建筑工业出版社出版的《建筑工程施工质量验收规范》。

(3) 高等教育出版社出版的《建筑工程施工组织与管理》。

工作任务十一

工作逻辑关系如下表所示。

施工过程	A	B	C	D	E	F	G	H	I	J	K
紧前工作	无	A	A	B	B	E	A	D、C	E	F、G、H	I、J
紧后工作	B、C、G	D、E	H	H	F、I	J	J	K	K	无	
持续时间/天	3	4	5	2	2	4	6	2	3	3	1

1. 任务

根据以上数据,绘制单代号网络图,在图上计算单代号网络图的时间参数。

2. 要求

每 5~6 人为一组,时间为 3 课时,网络图用 A4 纸画。

3. 参考资料

(1) 校本教材。

(2) 中国建筑工业出版社出版的《建筑工程施工质量验收规范》。

(3) 高等教育出版社出版的《建筑工程施工组织与管理》。

工作任务十二

单代号网络图如图 A.2 所示。

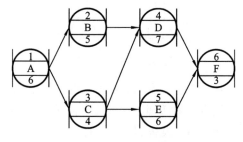

图 A.2 单代号网络图

1. 任务

根据以上材料,在图上计算单代号网络图的时间参数。

2. 要求

每5～6人为一组,时间为2课时,网络图用A4纸画。

3. 参考资料

(1) 校本教材。

(2) 中国建筑工业出版社出版的《建筑工程施工质量验收规范》。

(3) 高等教育出版社出版的《建筑工程施工组织与管理》。

工作任务十三

某海关大楼工程,主楼为地下1层地上22层全现浇框架-剪力墙结构,1、2层层高5.7 m,标准层层高4.0 m,总高度94.8 m;裙房为地下1层地上4层全现浇框架结构,1、2层层高5.7 m,3、4层层高4.0 m,总高度20.3 m;车库为地下1层片筏箱基结构,层高4.5 m,深度−6.0～−6.5 m。主楼、裙房和南广场地下车库相互间均设置沉降缝。试选择模板工程施工方案。

1. 任务

根据以上材料,选择模板工程施工方案。

2. 要求

每5～6人为一组,时间为2课时,网络图用A4纸画。

3. 参考资料

(1) 校本教材。

(2) 中国建筑工业出版社出版的《建筑工程施工质量验收规范》。

(3) 高等教育出版社出版的《建筑工程施工组织与管理》。

工作任务十四

某办公大楼主楼±0.000以上为钢-钢筋混凝土组合式结构,在一个39.3 m×24.7 m的矩形平面的四个角部分布四个7.8 m×7.5 m的钢筋混凝土筒体,筒体与筒体之间由钢结构连接。其中1～7层为钢框架与钢桁架相结合的结构。由第8层开始,每四层一个单元,形成相对独立的悬挂式钢结构体系。利用占据一个楼层高度的四榀24 m和四榀10 m跨度的桁架作筒体间的水平连接,桁架的上下弦分别连接两个楼层的钢梁并从桁架的下弦节点通过钢柱悬挂下面两个楼层的楼面结构,因此充分发挥了混凝土抗压性能好与钢材抗拉性能好的优点,节约了材料,也为大开间办公提供了可能。同时在每一个悬挂体系的下方形成一个无柱的大空间,为办公大楼的设置创造了条件。试选择结构工程的施工方案。

1. 任务

根据以上材料,选择结构工程施工方案。

2. 要求

每 5～6 人为一组,时间为 2 课时,网络图用 A4 纸画。

3. 参考资料

(1) 校本教材。

(2) 中国建筑工业出版社出版的《建筑工程施工质量验收规范》。

(3) 高等教育出版社出版的《建筑工程施工组织与管理》。

工作任务十五

某住宅楼位于 A 市 C 区,施工场地狭小,三通一平基本完成。工程总建筑面积 43868 m^2,其中地上 32954 m^2,地下 8019 m^2,人防 2895 m^2。地下 3 层地上 17 层,局部 19 层。

工程地下部分包括地下车库、地下连廊、职工餐厅、厨房、附属用房和设备用房、人防工程,地上部分主要包括大堂、商务、办公用房、值班室、营业厅、展厅、门厅、公寓等。

地上部分:地上部分每层面积为 1800～1900 m^2,为加快施工进度,采用小流水,将地上部分分为四段,每段约 500 m^2。东西向贯通。南北向分别为:1 轴和 3 轴之间为第一段,3 轴和 5 轴之间为第二段,5 轴和 7 轴之间为第三段,7 轴和 9 轴之间为第四段。如图 A.3 所示。

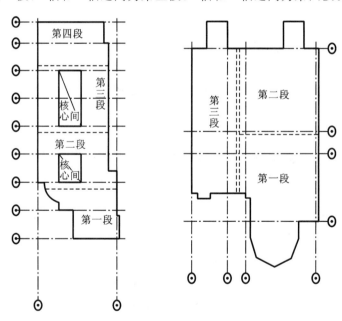

图 A.3

试进行施工区段的划分并说出施工区段划分的原则。

1. 任务

根据以上数据,进行施工区段的划分并说出施工区段划分的原则。

2. 要求

每 5～6 人为一组,时间为 1 课时,网络图用 A4 纸画。

3. 参考资料

(1) 校本教材。

(2) 中国建筑工业出版社出版的《建筑工程施工质量验收规范》。

(3) 高等教育出版社出版的《建筑工程施工组织与管理》。

工作任务十六

如图 A.4 所示,要求工期 13 天。4 天检查,A 完成 2 天工作量,B 已完 1,C 已完 2,D 全完,G 已完 1,H 未开始。问题:1.绘出时标网络计划图,标出前锋线。2.工期推迟几天?

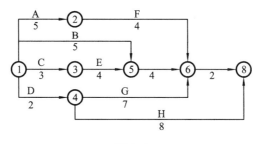

图 A.4

1. 任务

根据以上数据,绘出时标网络计划,标出前锋线,工期推迟几天?

2. 要求

每 5~6 人为一组,时间为 2 课时,网络图用 A4 纸画。

3. 参考资料

(1) 校本教材。

(2) 中国建筑工业出版社出版的《建筑工程施工质量验收规范》。

(3) 高等教育出版社出版的《建筑工程施工组织与管理》。

工作任务十七

某承包商与业主签订了一项施工合同,合同工期为 23 天,工期每提前或拖延 1 天,奖励或罚款 600 元,获批准的网络计划如图 A.5 所知,AKQ 要使用同一种机械,而机械只有一台。在施工过程中,因业主原因使 C 工作持续时间延长了 3 天,因承包商原因使 N 持续时间延长了 3 天,承包商应提交的工期和费用索赔申请。机械闲置费为每天 280 元。

1. 任务

根据以上数据,提出工期补偿。

2. 要求

每 5~6 人为一组,时间为 2 课时,网络图用 A4 纸画。

3. 参考资料

(1) 校本教材。

(2) 中国建筑工业出版社出版的《建筑工程施工质量验收规范》。
(3) 高等教育出版社出版的《建筑工程施工组织与管理》。

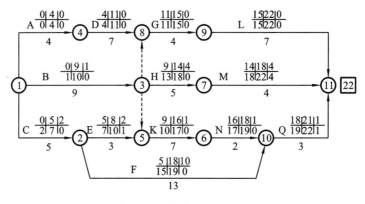

图 A.5

工作任务十八

如图 A.6 所示工程资料和网络计划，求最短的工期和最少费用。

工序	施工组织方案 I		施工组织方案 II	
	工时/天	费用/元	工时/天	费用/元
A	30	13 000	28	15 000
B	45	20 000	42	21 000
C	28	10 000	28	10 000
D	40	19 000	39	19 500
E	50	23 000	48	23 500
F	38	13 000	38	13 000
G	60	25 000	55	28 000
H	43	18 000	43	18 000
I	50	24 000	48	25 000
J	39	12 800	39	12 800
K	35	15 000	33	16 000
L	50	20 000	49	21 000
	总工期274天	212 800	总工期261天	222 800

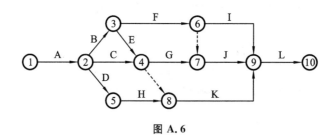

图 A.6

1. 任务

根据以上数据,计算出最少的费用和最短的工期。

2. 要求

每5~6人为一组,时间为2课时。

3. 参考资料

(1) 校本教材。

(2) 中国建筑工业出版社出版的《建筑工程施工质量验收规范》。

(3) 高等教育出版社出版的《建筑工程施工组织与管理》。

工作任务十九

已知某双代号网络计划中各项工作的时间与费用数据如表 A.1 所示,根据表中工作正常持续时间(DN_{i-j})可以绘出网络图如图 A.7 所示。

表 A.1　网络图各项工作的时间和费用

工作名称	紧后工作	正常情况		最短情况		Δc /千元
		DN/天	CN/千元	DC/天	CC/千元	
A	D,F	2	60	1	180	120
B	E,F	2	25	1	50	25
C	F	3	100	2	150	50
D	G	2	50	1	80	30
E	—	2	30	1	50	20
F	—	4	120	2	320	100
G	—	2	40	1	65	25
合计		—	425	—	895	—

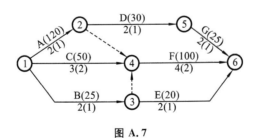

图 A.7

试确定最优的工期及费用。

1. 任务

根据以上数据,计算出最少的费用和最短的工期。

2. 要求

每5～6人为一组,时间为2课时。

3. 参考资料

(1) 校本教材。

(2) 中国建筑工业出版社出版的《建筑工程施工质量验收规范》。

(3) 高等教育出版社出版的《建筑工程施工组织与管理》。

工作任务二十

一、工程背景

某住宅小区3号楼、4号楼工程位于某市迎宾路106号,总建筑面积56299 m²,其中3号楼建筑面积28434 m²,4号楼建筑面积27865 m²,地下1层,地上18层跃19层,总高度95.6 m。本工程交通十分方便,但场地较为狭小,不利于现场施工布置。

总平面管理由项目经理统一负责,由质安负责人主管,按生产和生活区分开的原则,各专业加工、堆放等施工生产用地皆分片布置,见图A.8。

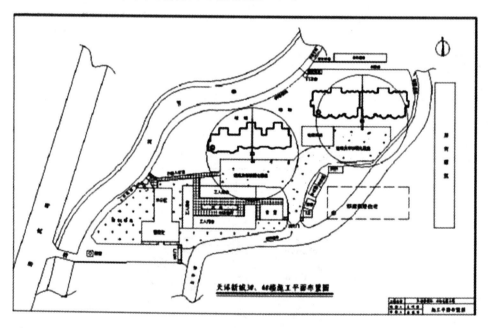

图A.8

二、分期施工总平面布置

1. 生产用场地

施工期间施工材料堆场和加工场均布置在3号楼、4号楼南侧场地上,其中,砂、石材料堆场地面采用150 mm厚C15混凝土硬化;钢筋、木工场地设于场地东南侧。钢筋场地敷设

50 mm 厚碎石硬化,以防污染钢筋。混凝土搅拌站布置于 3 号楼、4 号楼之间的南侧位置,搅拌站场区全部为混凝土硬化处理。1 号塔吊和 2 号塔吊分别布置在 3 号楼和 4 号楼东侧 19 轴和 17 轴之间,其中塔吊基础混凝土模板采用 240 mm 宽砖模。

另外,由于地下室外回填土施工时,塔吊尚无法拆除,故塔吊基础四周应砌筑 240 mm 砖墙予以围护,墙的高度为塔吊基础顶至标高 -0.700 m 之间的高度,以防止回填土掩埋塔吊底座。四周围护墙的长度同基础外轮廓周长。

2. 生活、办公区

生活区布置在 3 号楼、4 号楼南侧,施工高峰期将根据实际需要再加盖部分临设。包括工人宿舍、水冲式卫生间、淋浴间、娱乐室等;办公区设在天洋会所一层北侧。

3. 施工用临时道路

场区留设 1 号门、2 号门与场外市政道路连接。场区施工用临时道路主道为连通 1 号大门与迎宾路之间的混凝土道,道宽 7 m,200 mm 厚毛石垫层、C20 混凝土 150 mm 厚随打随抹;2 号门为人员的出入通道,布置在 4 号楼的西南侧,与施工现场之间的道路宽 3 m,素土夯实,方砖铺砌。材料堆场和加工场均与临时道路用混凝土道连通。场区施工用临时道路主道采用水泥硬覆盖,其主要目的是降尘及预防雨天进出现场车辆车轮带泥污染市政道路,以达到城市管理需要。

4. 场区排水

场区平整时做成一定坡势,并根据实际情况在整个场区系统地布置排水沟,雨水经场区临时沉淀池沉淀后排入城市雨水管网或场区现有的通向北侧护城河的排水管线。为防止雨期施工时雨水进入地下室,在地下室基坑上口四周设置 300 mm(宽)×500 mm(深)排水沟,雨水通过排水沟汇入城市雨水管网。排水沟两侧为 120 mm 砖墙并抹 1∶2.5 水泥砂浆,沟底为 50 mm 细石混凝土。办公区和宿舍区楼房前均设置排水沟。污水经现场临时化粪池后,排入城市污水管网。

5. 垂直运输机械布置

根据本工程的实际情况,为满足工程需要,保证工程的连续性,安装 2 台自升式塔吊和 2 台 100 mm 内双笼施工电梯。塔吊为 QTZ50B 塔机,臂长 50 m,最小起重量 2 t。3 号楼施工电梯安装在南侧 13～16 轴之间;4 号楼施工电梯安装在南侧 25～27 轴之间。施工电梯基础做法:土方平整夯实→300 mm 厚 C20 混凝土毛石灌浆→200 mm 厚 C25 钢筋混凝土,配筋为双层双向 $\phi16@150$;施工电梯基础平面尺寸为 4 m×8 m。

1) 任务

根据以上材料,重新绘制施工平面图。

2) 要求

每 5～6 人为一组,时间为 2 课时,用 A3 纸画。

3) 参考资料

(1) 校本教材。

(2) 中国建筑工业出版社出版的《建筑工程施工质量验收规范》。

(3) 高等教育出版社出版的《建筑工程施工组织与管理》。

工作任务二十一

根据鹿台书院的工程图,绘制鹿台书院的施工平面图。

1. 任务

根据相关材料,绘制施工平面图。

2. 要求

每 5～6 人为一组,时间为 2 课时,用 A3 纸画。

3. 参考资料

(1) 校本教材。

(2) 中国建筑工业出版社出版的《建筑工程施工质量验收规范》。

(3) 高等教育出版社出版的《建筑工程施工组织与管理》。

工作任务二十二

[案例] 工程变更与索赔处理案例。工程项目情况见图 A.9。

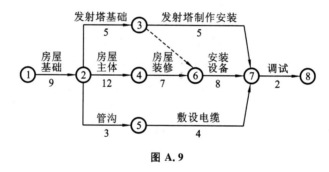

图 A.9

1. 背景

工期为 38 天。工期每提前(或拖后)1 天奖励(或罚款)5000 元。

2. 实际施工中发生的事件

事件 1：在房屋基坑开挖后,发现局部有软弱下卧层,按甲方代表指示乙方配合地质复查,配合用工为 10 个工日。地质复查后,根据经甲方代表批准的地基处理方案,增加直接费 4 万元,因地基复查和处理使房屋基础作业时间延长 3 天,人工窝工 15 个工日。

事件 2：在发射塔基础施工时,因发射塔原设计尺寸不当,甲方代表要求拆除已施工的基础,重新定位施工。由此造成增加用工 30 工日,材料费 1.2 万元,机械台班费 3000 元,发射塔基础作业时间拖延 2 天。

事件 3：在房屋主体施工中,因施工机械故障,造成人工窝工 8 个工日,该项工作作业时间延长 2 天。

事件 4：在房屋装修施工基本结束时,甲方代表对某项电气暗管的敷设位置是否准确有疑义,要求乙方进行剥漏检查。检查结果为某部位的偏差超出了规范允许范围,乙方根据甲方代表的要求进行返工处理,合格后甲方代表予以签字验收。该项返工及覆盖用工 20 个工日,材料费为 1000 元。因该项电气暗管的重新检验和返工处理使安装设备的开始作业时间推迟了 1 天。

事件 5:在敷设电缆时,因乙方购买的电缆线材质量差,甲方代表令乙方重新购买合格线材。由此造成该项工作多用人工 8 个工日,作业时间延长 4 天,材料损失费 8000 元。

事件 6:鉴于该工程工期较紧,经甲方代表同意乙方在安装设备作业过程中采取了加快施工的技术组织措施,使该项工作作业时间缩短 2 天,该项技术组织措施费为 6000 元。

3. 问题

(1) 在上述事件中,乙方可以就哪些事件向甲方提出工期补偿和费用补偿要求?为什么?

(2) 该工程的实际施工天数为多少天?可得到的工期补偿为多少天?工期奖罚款为多少?

(3) 假设工程所在地人工费标准为 30 元/工日,应由甲方给予补偿的窝工人工费补偿标准为 18 元/工日,该工程综合取费率为 30%。则在该工程结算时,乙方应该得到的索赔款为多少?

工作任务二十三

工作任务:要求工期为 12 天,进行工期优化。

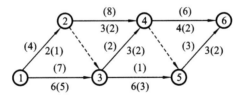

图 A. 10

阶段测试题

一、单项选择题(每题2分,共40分)

1. 双代号网络图由工作、( )、路线三个基本要素组成。
   A. 圆圈　　　　B. 数字　　　　C. 节点　　　　D. 字母代号
2. 双代号网络计划的关键线路根据( )确定。
   A. 从起点节点开始到终点节点为止,线路时间最长
   B. 从起点节点开始到终点节点为止,线路时间最短
   C. 从起点节点开始到终点节点为止,各项工作的计算总时差最大
3. 在工程网络计划中,判别关键工作的条件是该工作的( )最小。
   A. 自由时差　　B. 总时差　　　C. 时距　　　　D. 时间间隔
4. 计算双代号网络计划时间参数时要先算( )。
   A. 工作持续时间　　　　　　　B. 最迟完成时间
   C. 最早开始时间　　　　　　　D. 最早完成时间
5. 流水施工中,流水节拍是指下述中的( )。
   A. 一个施工过程在各个施工段上的总持续工作时间
   B. 一个施工过程在一个施工段上的持续工作时间
   C. 一个相邻施工过程先后进入流水施工段的时间间隔
   D. 施工的工期
6. 流水施工组织方式是施工中常采用的方式,因为( )。
   A. 现场组织容易　　　　　　　B. 能够实现专业化工作队连续施工
   C. 它的工期最短　　　　　　　D. 管理简单
7. 专业工作队在各个施工段上完成其施工任务所必需的持续工作时间是( )。
   A. 流水强度　　B. 时间定额　　C. 流水节拍　　D. 流水步距
8. ( )是一种最基本、最原始的施工组织方式。
   A. 流水施工　　B. 依次施工　　C. 平行施工　　D. 综合施工
9. 在组织流水施工时,( )称为流水步距。
   A. 某施工专业队在某一施工段的持续工作时间
   B. 相邻两个专业工作队在同一施工段开始施工的最小间隔时间
   C. 某施工专业队在单位时间内完成的工程量
   D. 某施工专业队在某一施工段进行施工的活动空间
10. 某工程由4个分项工程组成,平面上划分为4个施工段,各分项工程在各施工段上流水节拍均为3天,该工程工期( )天。
    A. 12　　　　　B. 15　　　　　C. 18　　　　　D. 21

11. 某工程由支模板、绑钢筋、浇筑混凝土 3 个分项工程组成,它在平面上划分为 6 个施工段,该 3 个分项工程在各个施工段上流水节拍依次为 6 天、4 天和 2 天,则其工期最短的流水施工方案为(　　)天。
　　A. 18　　　　　　B. 20　　　　　　C. 22　　　　　　D. 24

12. 双代号网络计划中(　　)表示前面工作的结束和后面工作的开始。
　　A. 起始节点　　　B. 中间节点　　　C. 终止节点　　　D. 虚拟节点

13. 网络图中同时存在 n 条关键线路,则 n 条关键线路的持续时间之和(　　)。
　　A. 相同　　　　　B. 不相同　　　　C. 有一条最长的　　D. 以上都不对

14. 单代号网络图的起点节点可(　　)。
　　A. 有 1 个虚拟　　B. 有 2 个　　　　C. 有多个　　　　D. 编号最大

15. (　　)为零的工作肯定在关键线路上。
　　A. 自由时差　　　B. 总时差　　　　C. 持续时间　　　D. 以上三者均对

16. 当双代号网络计划的计算工期等于计划工期时,对关键工作的错误提法是(　　)。
　　A. 关键工作的自由时差为零
　　B. 相邻两项关键工作之间的时间间隔为零
　　C. 关键工作的持续时间最长
　　D. 关键工作的最早开始时间与最迟开始时间相等

17. 网络计划中工作与其紧后工作之间的时间间隔应等于该工作紧后工作的(　　)。
　　A. 最早开始时间与该工作最早完成时间之差
　　B. 最迟开始时间与该工作最早完成时间之差
　　C. 最早开始时间与该工作最迟完成时间之差
　　D. 最迟开始时间与该工作最迟完成时间之差

18. 在工程网络计划执行过程中,如果发现某工作进度拖后,则受影响的工作一定是该工作的(　　)。
　　A. 平行工作　　　B. 后续工作　　　C. 先行工作　　　D. 紧前工作

19. 在双代号或单代号网络计划中,工作的最早开始时间应为其所有紧前工作(　　)。
　　A. 最早完成时间的最大值
　　B. 最早完成时间的最小值
　　C. 最迟完成时间的最大值
　　D. 最迟完成时间的最小值

20. 在工程网络计划中,工作的自由时差是指在不影响(　　)的前提下,该工作可以利用的机动时间。
　　A. 紧后工作最早开始
　　B. 后续工作最迟开始
　　C. 紧后工作最迟开始
　　D. 本工作最早完成时间推迟 5 天,并使总工期延长 3 天
　　E. 将其后续工作的开始时间推迟 3 天,并使总工期延长 1 天

二、绘画题,并计算时间参数(30分)

施工过程	A	B	C	D	E	F	G	H	I	J	K
紧前工作	无	A	A	B	B	E	A	D、C	E	F、G、H	I、J
紧后工作	B、C、G	D、E	H	H	F、I	J	J	J	K	K	无
	3	3	3	2	3	2	2	1	2	1	1

三、背景(30分)

某工程项目的基础工程分为三个施工段,其原始资料见下表。

工程项目 \ 施工段	一	二	三
挖土	3	3	3
垫层	2	3	3
基础	4	4	3
回填土	2	2	3

问题:

(1) 根据上表绘制流水施工计划;
(2) 绘制双代号网络图;
(3) 找出关键线路;
(4) 说出总时差和自由时差的概念;
(5) 说出关键工作和关键线路的概念。

参 考 文 献

[1] 全国建筑业企业项目经理培训教材编写委员会.施工组织设计与进度管理[M].北京:中国建筑工业出版社,2001.
[2] 庞金昌.建筑施工工艺[M].北京:中国建筑工业出版社,2010.
[3] 陈燕顺.建筑工程项目施工组织与进度控制[M].2版.北京:机械工业出版社,2013.
[4] 中华人民共和国国家标准.GB 50300—2001 建设工程施工质量验收统一标准[S].北京:中国建筑工业出版社,2002.
[5] 李红立.建筑工程施工组织实务[M].天津:天津大学出版社,2011.
[6] 建设部.建设工程项目管理规范[M].北京:中国建筑工业出版社,2006.
[7] 相建国.建筑工程项目管理[M].北京:中国建筑工业出版社,2008.
[8] 王洪健.施工组织设计[M].北京:高等教育出版社,2005.
[9] 朱宏亮.建设法规[M].武汉:武汉理工大学出版社,2009.
[10] 苟伯让.建设工程合同管理与索赔[M].北京:机械行业出版社,2003.